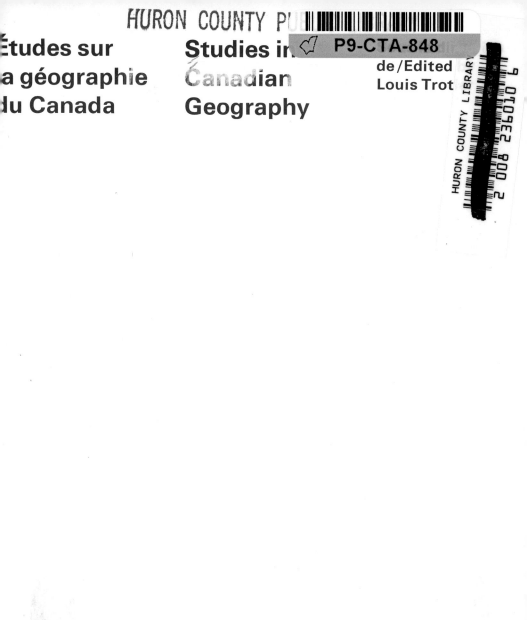

Études sur
la géographie
du Canada

Studies in
Canadian
Geography

de/Edited
Louis Trot

# Québec

# Quebec

Sous la direction
de /Edited by
Fernand Grenier

ıblié à l'occasion du 22e Congrès international de géographie
ıblished for the 22nd International Geographical Congress
Iontréal 1972

ıniversity of Toronto Press

© University of Toronto Press 1972
Toronto and Buffalo

ISBN 0-8020-1918-8 (Cloth)
ISBN 0-8020-6159-1 (Paper)
Microfiche ISBN 0-8020-0256-0

Printed in Canada

# Table des matières

Avant-propos / *vii*

Foreword / *viii*

Préface / *ix*

1 Le Québec : Réflexions générales   LOUIS-EDMOND HAMELIN / *1*

2 Evolution and present patterns of the ecumene of southern Québec
PETER BROOKE CLIBBON / *13*

3 Le Québec rural   MARCEL BÉLANGER / *31*

4 L'Urbanisation   LOUIS TROTIER / *47*

5 Biogéographie dynamique du Québec   PIERRE DANSEREAU / *74*

# Avant-propos

Par la publication de cette série d''Etudes sur la géographie du Canada,' les organisateurs du 22e Congrès international de géographie ont voulu profiter de l'occasion qui leur était donnée de présenter à la communauté internationale des géographes une perspective nouvelle des grands ensembles régionaux qui composent cet immense pays. Ils espèrent que ces études contribueront aussi à mieux faire comprendre la géographie de leur pays aux Canadiens eux-mêmes, scientifiques, étudiants ou autres.

Les travaux d'ensemble sur la géographie du Canada, peu nombreux jusqu'à récemment, se sont multipliés au cours des dernières années. L'originalité de cette série provient surtout d'un effort de renouvellement de la géographie régionale du Canada. Les rédacteurs et les auteurs de ces ouvrages ont cherché moins à inventorier leur région qu'à en interpréter les traits majeurs et les plus originaux, dans l'espoir de découvrir les tendances de leur évolution.

C'est pour moi un agréable devoir de remercier et de féliciter tous ceux qui ont contribué d'une manière ou d'une autre à la réalisation de cet ouvrage sur le Québec. Il convient de mentionner les membres du Comité d'organisation du 22e Congrès international de géographie; M. R.I.K. Davidson, des Presses de l'Université de Toronto; l'Association canadienne des géographes; le département de géographie de l'Université de l'Alberta, à Edmonton, dont le Laboratoire de cartographie a préparé toutes les illustrations de cet ouvrage sous la direction habile et dévouée de M. Geoffrey Lester. Je remercie enfin M. Fernand Grenier, doyen de la faculté des Lettres de l'Université Laval, d'avoir accepté d'assumer la direction de cet ouvrage.

LOUIS TROTIER
*Président du*
*Comité des publications*

# Foreword

The publication of the series, 'Studies in Canadian Geography,' by the organizers of the 22nd International Geographical Congress, introduces to the international community of geographers a new perspective of the regional entities which form this vast country. These studies should contribute to a better understanding among scholars, students, and the people of Canada of the geography of their land.

Geographical works embracing the whole of Canada, few in number until recently, have become more numerous during the last few years. This series is original in its purpose of re-evaluating the regional geography of Canada. In the hope of discovering the dynamic trends and the processes responsible for them, the editors and authors of these volumes have sought to interpret the main characteristics and unique attributes of the various regions, rather than follow a strictly inventorial approach.

It is a pleasant duty for me to thank all who have contributed to the preparation of the volume on Quebec. A special thanks is due to: Mr R.I.K. Davidson of the University of Toronto Press; Mr Geoffrey Lester who guided the Cartography Laboratory of the Department of Geography, University of Alberta in preparing all the illustrations; the Canadian Association of Geographers for its financial support; and the Executive of the Organizing Committee of the 22nd International Geographical Congress. Finally I wish to thank Professor Fernand Grenier, dean of the Faculty of Letters at Laval University, for having accepted the editorship of this volume.

LOUIS TROTIER
*Chairman of the*
*Publications Committee*

# Préface

Malgré le titre de la série dans laquelle il s'insère, cet ouvrage ne constitue pas une monographie, au sens classique du terme. L'intention de l'éditeur, partagée par les auteurs, a été essentiellement de présenter une problématique, partielle d'ailleurs, portant sur les aspects majeurs de la géographie du Québec au seuil du dernier quart du vingtième siècle. Les travaux bien connus de Blanchard ont offert, il y a déjà une trentaine d'années, une première description systématique des régions habitées du Québec méridional. Cette description a été largement complétée et renouvelée par les thèses, les articles et les livres publiés par une première génération de géographes formés dans nos universités. Nous avons renoncé à dresser la bibliographie complète de ces travaux dont plusieurs sont en cours de déroulement.

Nous remercions nos collègues Marcel Bélanger, Peter B. Clibbon, Pierre Dansereau, Louis-Edmond Hamelin et Louis Trotier d'avoir accepté, malgré la surcharge que représente la préparation d'un congrès international de géographie, de rédiger les articles qui suivent. Nous remercions également les cartographes et l'éditeur qui, avec soin et diligence, ont traité les manuscrits des auteurs.

Puisse cet ouvrage contribuer à renouveler la réflexion géographique sur une portion aussi originale du territoire canadien. Que les hommes politiques et les planificateurs de l'avenir trouvent ici quelques idées valables permettant de comprendre et d'ordonner les transformations gigantesques qui continuera à connaître ce territoire au cours des prochaines décennies.

F.G.
*l'Université Laval*
*le* 9 *juillet* 1972

# 1 Le Québec: Réflexions générales*

## LOUIS-EDMOND HAMELIN

Environ un siècle avant la Confédération (1867), le Québec était déjà désigné par le qualificatif de 'Province.' En plus d'être la plus ancienne, elle est également la plus étendue, la plus nordique et, culturellement, la plus dissemblable des dix provinces canadiennes. Elle constitue, avec l'Ontario, la seule autre unité politique majeure et elle représente environ le quart de la population et de la production du Canada. Etant avec sa voisine Terre-Neuve, la première région à avoir été l'objet d'aventures coloniales, le Québec rappelle un peu l'Europe. Parmi les multiples faciès de la canadianité, celui de la majorité française du Québec apparaît comme le plus clairement défini: certains vont même jusqu'à penser que ce faciès est suffisamment identifié pour être désormais celui d'un 'Etat' indépendant.

### A cause de l'hiver et du Nord, un pays sévère

L'originalité du Québec tient pour une part à la portée de certains caractères physiques. La majeure partie du Québec représente une péninsule massive, fendue par l'estuaire laurentien, limitée par le golfe du Saint-Laurent au sud-est et par l'Hudson à l'ouest et au nord. Par sa configuration, le Québec illustre bien les profondes ouvertures du Canada de l'Est. Grâce aux facilités de navigation maritime et fluviale, le premier peuplement fut un peuplement de rivage.

De par sa situation, le Québec est un territoire nordique; 'les Laurentides, c'est déjà le Nord (Raoul Blanchard); il l'est bien davantage par l'air froid qui l'envahit que par sa position en latitude; en effet, Paris serait au nord de Montréal alors que la façade septentrionale du Québec se trouve au même degré que Stockholm et Léningrad. Ce n'est donc pas par un fort rapprochement du Pôle que le Québec gèle une bonne partie de l'année. C'est plutôt l'immigration des masses d'air froides venues du

*Une partie de ce texte a d'abord été publiée dans *The Geographical Magazine*, London, août 1972.

monde polaire qui accroissent la nordicité relative de tout le Québec. Ces conditions thermiques rendent nivales une partie des précipitations, surtout dans les montagnes (rebord du Bouclier, Appalaches) qui attirent les skieurs. Dans la moitié nord de la péninsule, la déperdition de chaleur est telle que des poches de sol toujours gelé résistent au réchauffement de l'été. Le froid, ce sont aussi les glaces flottantes, formées sur place ou accumulées par les courants; cet inconvénient glaciel pour le transport a fait naître une technique spéciale, la navigation dite d'hiver. Enfin, le froid, c'est l'envers de la vie. La forêt exploitable n'occupe que le tiers méridional de la terre québécoise; ainsi l'une des grandes richesses du Québec se trouve heureusement située dans le bassin du Saint-Laurent. La limite méridionale du Nord québécois longe à peu près le 50e parallèle, de la Côte-Nord du Saint-Laurent à l'Abitibi ontarien. Le 'Nouveau-Québec ... a une vie ralentie' (Camille Laverdière).

Sur le plan thermique, le Québec possède un climat d'amplitude, c'est-à-dire un caractère contrasté; dans l'année, peu de jours vraiment tempérés, qui ne seraient ni trop chauds ni trop froids; 'mon pays,' c'est tantôt un hiver, tantôt un été. A quelques mois d'intervalle, la ville de Québec subit des températures polaires puis tropicales. La plus brusque transition tient au passage rapide d'un fini-hiver attardé à un 'été qui éclate' (Félix-Antoine Savard). L'automne dure plus longtemps que le printemps. Le meilleur avantage du Québec, c'est la belle saison. Grâce à un été assez bien arrosé au gré du passage des dépressions cycloniques, un écoumène agricole, tout rayé de rangs parallèles, s'est développé sur les dépôts champlainiens de la plaine du Saint-Laurent.

En Laurentie, les abondantes précipitations de front entre les masses d'air polaires venues du nord-ouest et les masses sub-tropicales venues du sud-ouest alimentent un réseau hydrographique bien nourri. Grâce à elles, le Saint-Laurent a toujours été la tête d'un empire et, un temps, Montréal fut même la capitale canadienne d'un 'royaume du castor' (F. Ouellet). Au vingtième siècle, l'eau des rivières a signifié électricté, et un Québec sans charbon, sans pétrole comme sans énergie nucléaire, découvrait en abondance la houille blanche que des capitaux étrangers destinaient au traitement industriel de nombreuses matières premières tant minières que forestières. Les équipements du Saint-Maurice et du Saguenay ont préfiguré ceux du Manicouagan, demain ceux du Churchill labradoréen et bientôt ceux de la Radissonie (façades de la baie de James). Pays de parcours et de production, la Laurentie s'est équipée d'un tissu de centres de services dont sa capitale, Québec, et l'une des deux métropoles canadiennes, Montréal.

Tableau 1   Classement des peuplements.
Nord québécois

| Nombre d'habitants | Nombre d'agglomérations |
|---|---|
| moins de 100 | 8 |
| de 100 à 300 | 15 |
| de 300 à 500 | 5 |
| de 500 à 1000 | 7 |
| de 1000 à 1500 | 4 |
| de 1500 à 3000 | 2 |
| de 3000 à 4000 | 2 |
| TOTAL | 43 |

**Discontinuité et disparités de l'écoumène**
La vastitude avantage le Québec qui constitue la région politique la plus étendue du Canada et même des Etats-Unis (y compris l'Alaska). En fait les statistiques officielles qui donnent près de 600,000 milles carrés ne comprennent pas les prétentions québécoises sur certaines parties du golfe du Saint-Laurent, de l'Hudsonie et du Labrador. Plus qu'un support pour l'exploitation, l'espace devient une matière première et même un patrimoine à ne plus gaspiller. Il se pourrait bien que d'ici peu, cet espace signifie principalement de l' 'eau douce' à destiner à un marché étatsunien assoiffé.

Dans une étendue presque sans limites, du moins insuffisamment délimitée, l'animation humaine, faite par moins de 7 millions d'habitants, ne peut être que sporadique et d'intensité différente. Les disparités spatiales caractérisent le Québec. Deux catégories extrêmes: le Grand Montréal qui rassemble les deux tiers des revenus personnels de toute la Province et l'immense môle pratiquement vide du Nord québécois. La superconcentration montréalaise apparaît nettement dans l'*Isodemographic map* de I.C. Jackson. A l'intérieur du Québec, la place occupée par le Grand Montréal – place du reste semblable à celle de Vancouver en Colombie-Britannique ou de Winnipeg au Manitoba – constitue une situation hypertrophiée. 'Le Grand Montréal,' écrivait Pierre Camu, 'c'est les deux tiers du Québec organisé.' Ce fait exprime à la fois espoir et infirmité. Espoir car l'équipement de la région montréalaise est assez développé pour soutenir la concurrence internationale et, Montréal peut rester l'un des grands foyers de l'Amérique du Nord ; son indice de primatie équivaut à celui de Toronto. Par contre, l'énorme concentration de Montréal constitue un défi sérieux au développement de l'immense 'désert' québécois;

un écart trop grand est en train de se produire entre la Métropole et le reste du Québec. En outre, alors que ce dernier est culturellement homogène, le Grand Montréal est pour le moins une tête à deux cervelles; si l'une est plus massive (les Francogènes font plus de 60 pour cent de la population totale) l'autre est plus influente et plus liée au reste de l'Amérique; à cet titre, Montréal est davantage canadien que ne l'est l'ensemble de la province.

Dans l'ensemble du Québec, l'écoumène actif – comprenant les faits de résidence, d'exploitation et de liaisons – ne s'étend que sur 13 pour cent de tout le territoire (Henri Dorion). Même à l'intérieur de cette partie structurée les ruptures d'écomène sont nombreuses; sans parler du vaste estuaire du Saint-Laurent qui coupe en deux la plaine laurentienne, mentionnons les Laurentides qui isolent du Québec axial (c'est le Québec laurentien, de Hull au Moyen estuaire) la dépression du Témiscamingue, la plaine de l'Abitibi et le bassin du lac Saint-Jean. L'habitat est non seulement discontinu mais longuement étiré le long des rives des cours d'eau ou dans les milliers de 'rangs,' encore caractéristiques des campagnes. Environ mille milles séparent Montréal de Blanc-Sablon (détroit de Belle-Isle) au long desquels sont échelonnées plus de 100 agglomérations, la plupart évidemment petites. Cette disposition de l'habitat est défavorable à la rentabilité commerciale; elle augmente le coût des services sociaux; elle pousse au gaspillage des espaces. En général, un tel écoumène agit comme un 'mauvais conducteur' dans la mise en valeur des territoires.

Les interruptions de l'habitat accentuent les différenciations régionales. Plus de la moitié des régions du Québec tiennent leur caractère dominant de l'éloignement ou d'une position périphérique; il en est ainsi de la Gaspésie, de la Côte-Nord, de la Côte-Sud et du Bas-Saint-Laurent, du Lac-Saint-Jean–Saguenay, de l'Abitibi–Témiscamingue, des Pays de l'Outaouais, des Cantons-de-l'Est et même des Laurentides : quelques-unes de ces unités sont pratiquement sans métropole propre. Dominent quatre pôles: le Grand Montréal, la plaine périmontréalaise, la région de Québec et celle de Trois-Rivières. Suivant les auteurs, le Québec méridional comporte de dix à quinze régions. Ce nombre a peu d'importance étant donné la dominance écrasante de Montréal et l'absence d'hiérarchie véritable entre les unités (carte 2 et tableau 2).

Dans une vieille province, le Nord du Québec fait figure de pays jeune, même si les Esquimaux y habitent depuis des millénaires et si la Compagnie de la Baie d'Hudson s'y est installée il y a trois siècles. Le Nouveau-Québec ne fut rattaché au gouvernement provincial qu'en 1912; la frontière du Labrador, politiquement fixée par le Conseil privé de Londres en 1927,

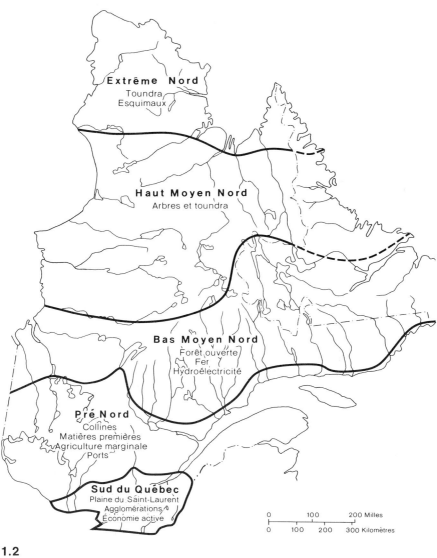

**1.2**
**Zones Principales du Québec**

n'a jamais été reconnue par le Québec. En outre, ce dernier n'a pas encore obtenu du gouvernement fédéral une juridiction exclusive sur les Indigènes québécois de résidence. Le Nord, c'est en partie l'ancien Bouclier canadien, môle peu accueillant pour l'agriculture et ouvert aux masses d'air froid. Régionalement, le Nord se divise en trois parties; au Sud, le

Tableau 2   Pourcentage de la population québécoise
vivant dans les régions du Québec de base

| régionyme | pourcentage (arrondi) |
|---|---|
| Grand Montréal | 39 |
| Plaine périmontréalaise | 15 |
| Région de Québec | 16 |
| Région de Trois-Rivières | 8 |
| Cantons-de-l'Est | 4 |
| Gaspésie et Bas-Saint-Laurent | 4 |
| Saguenay–Lac-Saint-Jean | 5 |
| Région des Outaouais | 4 |
| Nord-Ouest du Québec méridional | 3 |
| Côte-Nord du Saint-Laurent | 2 |

Bas Moyen Nord, pays de forêts, d'hydroélectricité (Manic 5, Baie de James) et de minerais de fer; les oasis d'exploitation ont été typiquement développées dans une optique pancontinentale. Au Centre, un Haut Moyen Nord où il n'y a plus que des arbres dispersés, quelques Indiens et des prospections minières. Dans l'Extrême Nord 3500, Esquimaux et très peu de blans vivent groupés sur le littoral d'une région arctique. Au total, les trois régions de cet immense Nord québécois ne comprennent guère plus de 27,000 individus (carte 1).

Dans l'ensemble, le territoire québécois n'est que faiblement structuré et habité. Les causes ne viennent pas nécessairement de l'immensité, d'un rude climat d'hiver, de l'exiguïté des bonnes terres agricoles. Les éléments socio-économiques y ont joué une part majeure.

**Chevauchement et immigration des structures**
Certes des facteurs comme la jeunesse relative de l'économie moderne au Québec, la concurrence venant de régions voisines plus puissantes comme l'Etat de New York et l'Ontario, l'utilisation majoritaire d'une langue autre que celle du continent (4 millions de Canadiens français ne parlent pas l'anglais), la faible assistance de la France, toutes ces causes n'ont pas facilité la promotion québécoise. Mais les difficultés actuelles reflètent aussi le poids de certains autres éléments.

La conjoncture conditionnante du Québec a toujours été largement décidée de l'extérieur. Sous le Régime français, la Nouvelle-France n'était qu'une pièce d'un grand ensemble, morceau négligeable au point qu'à la fin on lui a préféré de petites Antilles. Dans le premier siècle du Régime anglais, le Québec avec ses fourrures et son bois composait suivant l'expression de l'historien Neatby 'a branch business of the Empire.' Pré-

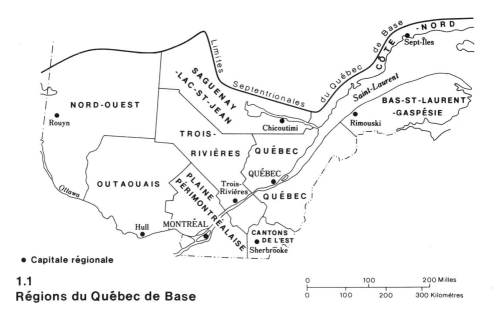

**1.1**
**Régions du Québec de Base**

sentement, les forces extérieures sont animées par les USA et le gouvernement fédéral. Les premiers alimentent les domaines économiques et culturels en fournissant capitaux, succursales d'entreprise, marché, technique, lieux de vacances, titres universitaires, programmes de télévision, genre de vie. Quant au gouvernement fédéral, il exerce au Québec une puissante influence dans les domaines politique, économique et culturel; la constitution de 1867 qui avait prévu un partage des pouvoirs législatifs entre Ottawa et Québec offre peu de secours lorsqu'il s'agit de désigner les juridictions nouvelles touchant, par exemples, les Esquimaux, le travail, l'assistance sociale, les télécommunications, les relations avec la francophonie. La politique économique du Québec est somme toute décidée par le Canada qui contrôle les puissants outils que sont la monnaie, la banque centrale et une bonne partie de la fiscalité. Economiquement et politiquement, le Québec n'est qu'un demi-pays. Peu de grandes affaires sont aux mains du groupe culturel majoritaire, c'est-à-dire le groupe francophone.

Une semblable situation se retrouve même sur le plan de la culture française, également influencée par deux agents non-Québécois: la France qui se considère toujours la seule à décider de la langue française dans le monde; le portugais au Brésil, l'espagnol en Argentine, l'anglais aux USA, le chinois dans les périphéries asiatiques ont connu plus de succès régionaux que le français américain. Tout n'est pas 'joual' dans le parler français du Canada. En outre, l'aide culturelle pourtant nécessaire de la France n'est pas particulièrement adaptée au milieu nord-américain. Le second agent extérieur de la culture française au Canada vient d'Ottawa; depuis peu et sans chaleur, le gouvernement fédéral développe une politique de soutien à une francophonie pancanadienne et étrangère (Afrique).

Or, toutes ces forces politiques, économiques et culturelles de l'extérieur agissant au ou sur le Québec sont un peu comme ces grandes compagnies universelles dont le but premier n'est pas de manifester des loyautés québécoises. Le principal problème du Québec n'en est pas un d'identité; il s'agit plutôt d'une question de développement et de développement approprié. Suivant un style laurentien, comment une fragile âme francogène peut-elle s'épanouir dans un écologie nord-américaine déterminante?

Convenons que tous les pays reçoivent et recevront encore davantage l'impact des autres puissances; le Québec – même un Québec indépendant – ne pourrait et ne devrait échapper à toute pénétration technique, économique ou culturelle. Comment pourrait-il se passer du capital étatsunien et de la culture de l'Hexagone? La présence étrangère est donc souhaitable et inévitable. Devant cet envahissement irréversible, il faut regretter que la puissance québécoise d'ajustement à la pénétration extérieure soit bien faible comparée à celle des pays bien définis. Le poids de l'extérieur risque de faire du Québec un être différent de ce qu'il voudrait être.

Mais le risque n'est plus aveugle comme auparavant. Une certaine conscience 'nationale' – québécoise de langue française – s'est développée et au niveau de deux sources: chez un nombre relativement grand de citoyens et à l'intérieur du gouvernement provincial. Chacun de ces deux groupes s'est donné des outils de travail: (a) un mouvement politique – le Parti québécois – dont le succès au niveau provincial ne pourrait étonner; (b) des corps public – centre de recherche de l'Hydro-Québec, Société de financement, Direction générale du Nouveau-Québec. L'unité est toutefois loin d'être faite dans le choix des moyens à prendre pour que le Québec oriente son développement davantage à son propre profit. L'engagement solide francophone est chose quasi nouvelle; auparavant tout commençait par des investissements massifs et ceux-ci n'exprimaient que les mobiles d'un système capitaliste opérant de l'extérieur. Au-delà des désirs d'indépendance politique et culturelle, certains cherchent à modifier le système économique et social.

**Puissance et fragilité de l'économie**
Suivant les secteurs, l'économie du Québec est hautement ou faiblement développée. En certains domaines, le rôle de la Province est chose majeure,

non seulement au Canada mais même dans le monde. Il en est ainsi du minerai de fer, de l'hydroélectricité et de l'affinage de certains produits; en ce qui concerne le transport maritime, le Québec peut, grâce au Saint-Laurent, manoeuvrer 50 pour cent de toutes les cargaisons canadiennes d'exportation. La forêt qui couvre la moitié du territoire a fait naître l'une des principales industries de l'Amérique, celle des pâtes et papiers. Dans l'économie québécoise, domine le secteur secondaire qui fournit autant que 80 pour cent de toute la valeur de la production. Grâce à toutes ses activités et à l'influence étatsunienne, le Québec peut avoir l'un des plus hauts niveaux de vie du monde.

Parmi les grandes réalisations et mises en chantier des dernières années, mentionnons la Voie maritime du Saint-Laurent en 1959, les mines de fer de Wabush en 1965, l'industrie automobile à Saint-Bruno et à Sainte-Thérèse en 1966, l'Exposition universelle de Montréal en 1967, la grande centrale de Manic 5 (Daniel-Johnson) en 1969, le pont Pierre-Laporte en 1971, la raffinerie Golden Eagle en 1971, la cité parlementaire vers 1972, une acierie vers 1973, le nouvel aéroport de Montréal en 1974. L'on ne sera pas sans remarquer qu'une bonne partie des investissements nécessaires à ces constructions sont venus des gouvernements fédéral et provincial, conformément au développement récent des finances publiques.

Par contre, par rapport à l'Alsama et à l'Ontario, le Québec est pauvre au plan agricole et il lui faut même importer une partie des céréales nécessaires à l'élevage qu'il fait. De plus, en référence à l'Alberta et même aux Territoires-du-Nord-Ouest, le Québec n'a pratiquement pas d'énergie d'origine minérale; à Montréal, les combustibles arrivent par pipeline et par bateau. Autre faiblesse et, cette fois, dans le secteur pourtant puissant des métaux; une économie spécialisée subit toujours l'inconvénient de la dépendance; en effet, le marché des métaux, d'ailleurs élastique, est logé surtout à l'extérieur du Québec; toute contraction mondiale amène des ralentissements de production et des baisses dans les revenus d'emploi; de nombreux chantiers doivent se contenter d'être temporaires. L' 'impermanence' guette donc l'industrie minière d'extraction.

Depuis 1967, écrit Otto Thür, 'le milieu économique dans lequel vit le Québec n'a pas fournit de forces majeures d'expansion.' Au cours de l'hiver 1970-1, le Québec qui subissait à retardement les difficultés étatsuniennes a vécu des moments guère favorables à la réanimation économique. Il pourrait s'avérer difficile de trouver les 6 à 10 milliards de dollars nécessaires à l'aménagement prochain des cours d'eau se déversant au sud-est de la baie de James. Dans ces conditions, en ce qui a trait aux revenus personnels provinciaux, la place occupée par le Québec pourrait ne pas s'améliorer avant longtemps; Québec, au deuxième rang des provinces quant à la puissance économique totale, n'occupe que le 5ième au chapître des revenus personnels. A ce titre, Québec est associé aux provinces de l'Atlantique plutôt qu'au Canada occidental.

Le chômage constitue le principal problème humain de la vie économique du Québec. En 1970, la moyenne du taux de non-emploi s'est fixée à 7.9 pour cent pour une valeur canadienne de 5.9. Cette plaie a toujours caractérisé le Québec et, au dix-neuvième siècle, l'on avait dû utiliser la solution extrême de l'émigration pour assurer un équilibre entre l'offre et la demande de l'emploi; nous disons 'solution extrême' car pour le francophone américain, une migration hors de sa province le conduit dans un milieu culturellement différent; à cause de ce fait, le 'Québécois' ne se prête donc pas à la grande mobilité de la plupart des autres travailleurs nord-américains. Outre l'aspect linguistique, le chômage est favorisé par les héritages historiques, par un fort nombre de manœuvres, par le relachement hivernal, par les variations de la demande mondiale des produits québécois et par la structure même de l'emploi – surconcentration montréalaise, multiciplicité des petites agglomérations sans activités génératrices, éventail non gradué des postes. Avec la diminution de la croissance démographique générale (croissance fixée à 0.5 pour cent en 1970) et l'accentuation de la scolarisation (le Québec possède un stock scolaire de 1,800,000 élèves-étudiants), le chômage pourrait, vers 1980, diminuer au niveau des effectifs totaux mais augmenter au plan des catégories tertiaire et quaternaire. Le malaise resterait tout aussi grave.

Sous n'importe quel régime politique, le Québec aura besoin d'une planification totale c'est-à-dire non seulement sectorielle, comme le cas se produit dans l'hydroélectricité, et non seulement régionale par exemple aux bénéfices de la Gaspésie mal développée. L'expérience, d'ailleurs coûteuse, de la colonisation en Abitibi vers 1935-50 doit être évitée; l'on y installait des peuplements en fonction des sols argileux et d'un cadastre géométrique; la qualité du colon, l'adaptation des productions, l'assurance d'un marché, le développement des autres secteurs de l'économie, les relations fonctionnelles entre les nouvelles régions et la vallée du Saint-Laurent n'étaient que très peu considérés. Au contraire de cet exemple, la planification devrait être globale aux niveau des objectifs et des populations en cause: la collectivité québécoise se doit d'être davantage engagée dans son propre avenir. Dans le style nord-américain et le contexte structurel actuel, la réalisation d'une planification compréhensive demeure une chose fort acrobatique.

**Conclusion**

La majorité francophone du Québec vient de l'assemblage de deux éléments principaux dont le déroulement historique n'a pas encore fait la synthèse. Ces deux thèmes sont la situation nord-américaine et le faciès francophone. La première relève plutôt de la géographie, le second plutôt de l'histoire. Ce dernier reflète une fidélité culturelle à des traits héréditaires; l'autre exprime une écologie naturelle qui s'est même implantée dans le domaine mental et politique. 'Pour réussir au Québec, constatait récemment un industriel de France, il faut avoir le sens de l'Amérique.' L'on peut d'abord penser que ses deux caractères sont incompatibles; en effet alors qu'une américanisation trop forte pourrait mettre en cause le prolongement du Canada français, le repli sur une francophonie exclusive déracinerait le Québécois qui ne saurait devenir européen. Chacun des deux éléments est donc essentiel à l'existence même du Canada français; d'ailleurs, le Québec n'abandonnera ni la francophonie, ni l'Amérique du Nord. Le dosage de ces deux composants est chose plus que difficile et il pourrait même demander de l'héroisme. Chaque partie du binôme comporte à la fois des valeurs de promotion et des valeurs de conservation. D'une part, une québécité-musée, vivant de l'ennui du passé, ne saurait survivre; il lui faudrait incorporer des données de renouvellement au contact d'ailleurs d'une francophonie mondiale qui s'organise. D'autre part, une américanie qui ne pourrait dégager des résidus universels à partir de ses rapides et massives réalisations n'aurait jamais d'âme bien définie. 'What does Quebec want?' Le Québec va demeurer un être nord-américain mais il veut parler français. Son ambition est culturelle et non pas avant tout politique, comme l'avait été la Révolution américaine; le moyen d'action, lui, pourrait être politique. Le Canada anglais (y compris les Anglophones du Québec) et les Etats-Unis ont été les principaux promoteurs de la pénétration au Québec des traits modernes de l'américanie et ils sont en grande partie responsable de la puissance économique actuelle de la Province; cette évolution a cependant défavorisé le développement normal de l'autre caractère, celui de la francophonie. Dans cette partie du Commonwealth, comme dans l'Irlande du Nord, un certain redressement se fera vraisemblablement. 'Je veux posséder mes hivers,' confesse une chanson de Gilles Vigneault. 'Le plus que temps est venu de Québécoisie,' écrit P. Perrault en 1971.

L'Amérique anglo-saxonne a le choix de son attitude: soit une position d'attente dans l'espoir qu'une fois de plus les choses s'arrangeront naturellement, soit une opposition muette ou provoquante qui pourrait pousser un grand nombre de Canadiens français à durcir leur position à l'endroit des Anglophones, soit une compréhension vertueuse qui notamment hâterait le redémarrage économique du Québec. Il me semble qu'une amorce de solution aux problèmes soulevés par le Québec doit être cherchée dans un attitude de plus grand accueil à adopter par le Canada anglais (il ne s'agit pas seulement des Anglophones du Grand Montréal). Dans le Québec, les Anglais qui, en 1763, ont eu une victoire partielle (militaire et commerciale certes mais non religieuse, psychologique, démographique, linguistique) ont laissé leurs descendants se comporter en victorieux à tous les points de vue. Il ne faut pas cacher que l'évolution des choses leur demande maintenant de faire des concessions effectives à l'endroit de celui qu'il a dominé. Certains Anglogènes se sont déjà adaptés à cette nouvelle situation. Au Canada anglais de juger si l'effort à fournir vaut le risque d'une aggravation de la situation. Inversement, le Canada français devra lui aussi payer le prix de son épanouissement et de la paix. Il ne lui suffit pas d'avoir pratiqué depuis deux siècles la vertu de tolérance. Quant au phénomène du rejet, il ne trahit souvent qu'une incapacité technique à  résoudre des problèmes. Sous n'importe laquelle formule politique, le Québécois francophone aura à faire de réels efforts s'il veut améliorer sa situation. De toute façon, chez chacune des ethnies, la bonne volonté deviendra de rigueur et, pour longtemps; la rencontre entre les deux groupes sera non seulement difficile mais elle sera de même en tout instant. Enfin, puisque le principal problème du Québec se situe au plan culturel, la solution doit d'abord être mentale et politique. Ne soyons pas trompés par le style américain; les remèdes économiques à court terme que l'on pourrait apporter à la question du chômage pourront endormir le malade; ils ne le guériront point.

Sans que la chose ait été voulue comme telle, le Québec de langue française est une expérience politique originale mettant en cause une écologie américaine, une formule anglaise et une âme française. Cet objectif stimulant reste rempli de promesses. Cependant, dans le passé, ces trois éléments n'ont pas connu le même succès et d'aucuns pensent que la francophonie est loin de s'être pleinement réalisée. 'The Québécois' aspirations are not wrong,' vient de publier A.F. Burghardt de Toronto. En conséquence, si l'on tient à un déroulement harmonieux des événements futurs, ne faudrait-il pas que chaque terme de l'équation québécoise puisse, suivant la 'nature des choses,' trouver son avantage? Autrement, ne sont-ce pas les composants même de l'expérience qui peuvent être remis en cause?

# 2 Evolution and present patterns of the ecumene of southern Québec

## PETER BROOKE CLIBBON

The purpose of this essay is to describe the evolution and present patterns of the ecumene of Quebec, to explain its extremely uneven distribution in terms of physical and other constraints, and to attempt to forecast a certain number of trends in the evolution of land use patterns. Inasmuch as the settled areas of the province lie almost entirely within the limits of the St Lawrence drainage basin, this essay will of necessity focus almost exclusively on what is generally referred to as 'Southern Quebec,' that is, the St Lawrence valley and adjacent areas such as the Appalachians and the southern fringe of the Canadian Shield, and within which the distribution of population and of the ecumene remains surprisingly uneven. Particular attention will be paid to the agricultural ecumene, to the spatial implications of the development of recreation and tourism, and to the problem of urban sprawl on the Montreal plain.

### The evolution and present distribution of the ecumene

The St Lawrence lowland, a roughly triangular swath of territory whose base is the Ontario border and whose apex lies just below Quebec City, is the industrial and agricultural heartland of the province and its most densely settled area. It is particularly well served by national and international transportation routes, and also contains the three most important urban agglomerations of the province, that is, the Montreal, Quebec, and Trois Rivières metropolitan areas. The primacy of the lowland relative to other areas of Quebec is explained in large measure by elements of physical and locational geography, elements which must have been as obvious to the governors and intendants of New France (1608–1759) as they are to us today, for the lowland, apart from serving as a supply and staging area for exploration and exploitation of the continental interior, was also the locale of the most important, and virtually the only permanent, settlements in French North America. Although settlement during the French regime was largely limited to the littoral and the islands

Photo 1  Aerial photograph A 9454-112, National Air Photo Library, Canada Department of Energy, Mines and Resources. Township cadastral system, Stanstead County, Eastern Townships. Note the square and rectangular tracts of land, the irregularly-shaped fields, and the many hedges and windbreaks. Considerable land abandonment has taken place in the photo area.

of the river, and to the valleys of major tributaries such as the Richelieu and Chaudière, the lowland quickly infilled during the first fifty years of British rule, and before the middle of the nineteenth century virtually all of the land suitable for agricultural settlement had been taken up.

The margins of the lowland, that is, the foothills of the rolling Laurentian and Appalachian uplands, were initially occupied by settlers of British stock, primarily United Empire Loyalists and American, English, Scottish, and Irish immigrants. By the mid-nineteenth century the lowland was fringed by a discontinuous band of Anglo-Saxon settlements, which, from the point of view of the British colonial administrators, and in the light of the rebellion of the 1830s, must have presented certain strategic advantages. However, the focus of English-speaking settlement was now shifting to the more fertile lands of Upper Canada. At the same time, a wave of surplus (and landless) French-Canadian colonists from the saturated lowland area was now spilling over into the Laurentian and Appalachian interior and along the rocky littoral of the lower St Lawrence and Gaspé coasts, bypassing, infiltrating, or incorporating the thin red line of English language communities, the dismemberment and disintegration of which continues to this day. An aggressive settlement programme, pursued first by nationalistic colonisation societies and the Roman Catholic Church, and later by the provincial government, resulted in a further outward expansion of the ecumene into the clay basins of Lake St John and Temiskaming, into the badly drained wastes of the climatically marginal Abitibi area, and onto the rugged Gaspé and South Shore plateaus, the latter being largely a consequence of the Great Depression of the 1930s and serving as the inglorious last hurrah of the colonization movement. The government's Department of Colonization was finally dissolved in the early 1960s, leaving a sorry legacy of marginal farms, derelict villages, and culturally and economically deprived populations scattered along the extreme outward limits of the ecumene from Abitibi in the west to the Gaspé highlands in the east. The abandonment and consolidation which has taken place in these areas since World War II has resulted in a massive flow of population toward the industrial agglomerations of the St Lawrence lowlands, just as the inability of nineteenth century colonists to make a living on the marginal land of the Laurentians and Appalachians led to a massive out-migration of French-language settlers to the textile towns of New England.

### The agricultural ecumene: evolution, present extent, trends
The total area under agriculture in Quebec (including rough pasture and farm woodlots) rose to a high of 18,162,564 acres in 1941, and has been

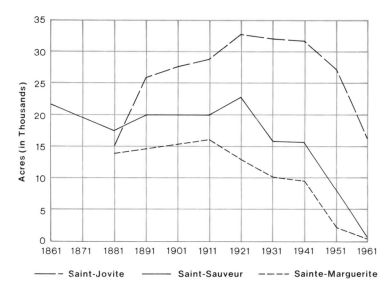

**2.1**

Area in Farmland (improved and unimproved) in the Saint-Jovite,
Saint-Sauveur and Sainte-Marguerite Statistical Units,
Terrebonne County, 1861-1961

falling steadily ever since; by 1966, it occupied only 12,886,000 acres, or roughly the same acreage as in 1881. Land abandonment has been most pronounced in those recently-settled areas situated on the margins of the ecumene (for example, Abitibi), but the triumvirate of urbanization, recreational development, and land speculation have combined to account for a substantial proportion of this loss, particularly in and around the Montreal archipelago and especially since the 1950s. But the shrinking of the ecumene has been accompanied by an intensification of agricultural land use in many areas of the province, notably on the Montreal plain and elsewhere throughout the St Lawrence lowlands.

The physical basis for agriculture in the lowland will be better understood by referring to its recent geological past and geomorphological evolution. A structural depression, it is largely underlain by flat-lying Paleozoic sediments masked by a patchy cover of Wisconsin glacial overburden. These stony deposits were covered in turn by thick marine clays deposited in the now extinct Champlain Sea, a moderately saline arm of the Atlantic Ocean which occupied the isostatically-depressed lowland subsequent to its deglaciation. The sea also invaded the lower courses of preglacial river valleys tributary to the St Lawrence (the Ottawa and St Maurice, for example), its deposits thus affording a basis for agriculture well within the margins of the Laurentian hills. Postglacial isostatic readjustment resulted in the expulsion of the sea from the lowlands, but not before thin beach gravels and thick deltaic and estuarine sands were deposited along the margins of the shrinking water body, principally at the mouths of major watercourses debouching into it from the north and northwest.

Major marine terraces and escarpments cut into bedrock (Quebec City area) and unconsolidated deposits (lac St-Pierre basin), and aligned roughly parallel with the present St Lawrence, mark the various stages in the recession of the sea from the lowland. Watercourses flowing across the clay and sand plains into the St Lawrence are bordered by well-defined fluvial and fluvioglacial terraces cut in response to the rapid lowering of base level. Gullying, land-sliding, and high drainage densities are particularly characteristic of those drainage systems (e.g., the Yamachiche) which have developed on impermeable marine clays, whereas parabolic dune fields have formed on some of the more exposed sand terraces and outwash plains (lower Mauricie). The physical landscape of the lowland, then, is far from uniform. Flat, featureless, badly drained clay plains alternate with elevated terraces of excessively drained sands which remain largely wooded (e.g., the Bois de Verchères of the Montreal plain). These landscapes are broken here and there by marine scarps, fluvial terrace complexes, gullies, ravines, and landslip scars. Low, stony, wooded morainic complexes outcrop here and there as islands in a sea of clays (e.g., the Ste-Scholastique area). The wooded, inselberg-like crystalline intrusions of the Monteregian hills, and the rugged Precambrian outliers of Oka, Rigaud, and St Andrew's, ringed by till deposits and beach gravels, rise abruptly above the almost featureless expanses of the Montreal plain; many of these hills are easily visible from the summit of Mount Royal, itself a Monteregian.

Onto this complex physical landscape a rigid cadastral system has been superimposed, that of the 'rang' or long-lot, so well described by Deffontaines, whereas the township or 'English' system prevails along the margins of the Laurentians and Appalachians. The origins of the long-lot system are not yet clearly understood, but some of the advantages it presented to the first seigneurs and colonists – facility of survey, easy access to water, farms characterized by pedologic and biogeographical diversity – have already been well-established. The typical long-lot farm, oriented perpendicular to a watercourse or a range road, was approximately ten times as long as it was wide. But repeated linear subdivision of many of these farms has resulted in units virtually too narrow to farm economically (some of the farms of the Côte de Beauport are several miles in length but only a few hundred yards wide), and the cadastral pattern does not lend itself easily to land consolidation. The

**Photo 2 Aerial photograph A 12649-213, National Air Photo Library, Canada Department of Energy, Mines and Resources, 1950. The radial cadastral system of Charlesbourg, a suburb of Quebec City. Although virtually the entire photo area has since been urbanized, the original cadastral pattern can still be identified on recent air photographs.**

well-known radial settlement pattern of the Quebec City suburban communities of Charlesbourg and Bourg Royal presents somewhat similar problems, particularly in regard to the consolidation of land for residential development. One might conclude that the 'French' cadastral systems do not lend themselves well to the mechanized, highly specialised agriculture of the 1970s, but the attempts of various planners to form larger, more compact agricultural units in the lowland have met with little success to date.

The rural land use patterns of the lowland reflect well the conservatism

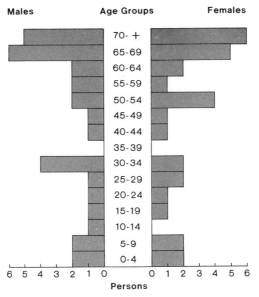

2.2

Age Pyramid, Rang Saint-André, Saint-Edmond-de-Berthier
(Survey by: Cécile Touzin, Nicole d'Argencourt, Claude Rény, Institut de Géographie, Université Laval, 1967)

of the farmer of the St Lawrence valley, but also the diversity of the physical milieu and the importance of Montreal as the major market and clearing house for agricultural produce in the province. The traditional agricultural industry is dairying, and as a consequence most of the clay plains of the lowland are either in pasture (rotational and permanent) and grasses, or are planted to feed grains, mainly oats but also corn. Although farm units and herds are small, the industry is now highly mechanized. The family farm is the rule rather than the exception. Because the production of industrial milk now greatly exceeds demand, the federal government, which heavily subsidizes the Canadian dairy industry, has established per-herd production quotas over and above which the subsidies do not apply. Such a context does not lend itself to farm consolidation, and the abandonment of dairy farms or their sale for residential or recreational developments is becoming increasingly common. However, on the Montreal plain and elsewhere, market gardening and specialized farming, more risky but generally more profitable, have gained considerable ground in the last few decades. Tobacco farming has flourished on the fine deltaic sands of the Joliette area since the late 1930s, and the

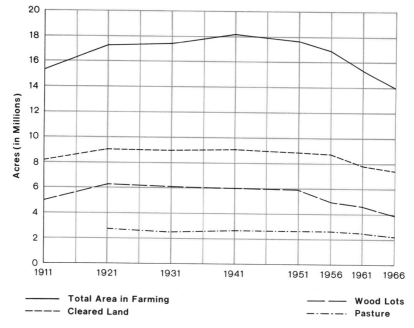

| | Total Area in Farming | | | Wood Lots |
| | Cleared Land | | | Pasture |

## 2.3

### Evolution of the Agricultural Ecumene of Quebec, 1911-1966

hundred-odd farms here are among the most prosperous of the province. As a consequence of the growth of Montreal and the urbanization of its garden suburb of Ile Jésus, vegetable farming has become a major industry on the south shore of the river, particularly in the St Jean and St Hyacinthe areas, but also in recently drained basins of organic soils which dot the flat expanses of Napierville and Laprairie counties. A number of these farms belong to New Canadians of Dutch and Italian origin, while others, particularly the larger ones, are operated by incorporated companies. Sugar beets, small fruits, and distillery corn would also appear to have a good future on the Montreal plain. However, the extensive apple orchards of the lower flanks of the Monteregians are now yielding to the pressures of soaring production costs, out-of-province competition, and fast-expanding suburbanization (particularly mounts St Bruno and St Hilaire), with the result that the area in orchards has shrunk considerably since 1960.

Other areas of specialized agriculture in the lowlands include strawberry farming at Ste-Famille on Quebec's Island of Orleans, vegetable farming at St-Pierre-les-Besquets and St-Thomas-de-Caxton, potato farming at Joliette, St-Ubald, and St-Jean-de-l'île-d'Orléans, market gar-

2.4

Date of Issue of Letters Patent by Lot: Township of the Laurentian Hills Back of Trois-Rivières and Montréal

(Greatly generalized from original material)

1801-1821  1821-1841  1841-1861

1861-1881  1881-1901  1901-1921

After 1921

The twenty-year periods run from June 1 to
May 31 (for example, from June 1, 1801 to
May 31, 1821)

Grand'Mère
Shawinigan

Joliette

0    10 Miles

0    16 Kilometers

N

dening on Quebec's rapidly urbanizing Côte de Beauport, chicken farming at St-Félix-de-Valois, turkey farming in the Irish enclave of Valcartier just north of Quebec City, and beef cattle ranching in selected areas of the lowland. Sheep farming has not yet entirely disappeared (the Lachute area is an example) and St-Raymond-de-Portneuf even boasts a herd of bison!

On the whole, specialized agriculture in the lowland has sprung up in areas where relief and soil conditions do not lend themselves well to dairy farming, for example, on sands, tills, and organic deposits. However, because of the necessary proximity of these areas to urban centres and their suitability as sites for residential and recreational developments (e.g., the attractive, well-drained slopes of the Monteregians) the fragmentation, disappearance or outward displacement of specialized agriculture is now widespread throughout the lowland.

**Marginal farming and land abandonment**
Not all of the St Lawrence lowland is necessarily suitable for agriculture; in fact, much of the south shore between Drummondville and Quebec is a badly-drained, heavily wooded waste known locally as the 'mer bleue.' Conversely, not all of the adjacent Shield and Appalachian regions is marginal for farming; in fact, the lacustrine silts and marine clays of the valleys and interior basins are similar in most respects to the Champlain Sea deposits of the lowland. Consequently, a viable agriculture, based mainly on dairying, is practised on the clay plains of the Lake St John lowland at Hébertville, St Prime, and Normandin, along the well-drained sand and silt terraces of Shield-edge rivers such as the Lièvre and the Batiscan, and along the lower slopes and flood-plains of Appalachian rivers such as the Chaudière and St-François. The truly marginal farmland of the province is found on the outcrop-spotted slopes and coarse valley trains of the interior Laurentians, on the stony upland soils of interior Appalachian counties such as Mégantic and Frontenac, on the vast sand outwash plains of northern Lake St John, and on the soggy and climatically marginal Abitibi clay plain. A spontaneous process of selective land abandonment has been in force in most of these areas since the beginning of the twentieth century, but particularly since the Great Depression, and has resulted in the reversion to forest and scrub of substantial areages of marginal soils.

In the Laurentians and Appalachians the ecumene is 'moving downhill,' that is, the farms are rapidly disappearing from the rolling upland surfaces, steep valley slopes, high-level sand terraces, and perched deltas, while the area under cultivation on lower-level river terraces and within

2.5

Ethnic Origin of First Landholder:
Township of the Laurentian Hills Back of Trois-Rivières and Montréal, 1801-1965

French-Canadian ▮   British ▨

clay basins remains relatively stable. But recreation and urbanization now threaten agriculture's continued existence even in these areas, especially along the scenic Laurentian valleys (the North and Rouge) giving on the Montreal plain. In Abitibi and northern Lake St John, poor soil, drainage, and market conditions, in combination with the extreme isolation of certain parishes and attractive employment alternatives further to the south (the pulp mills of the Saguenay, the mines and mills of the Cadillac break) have resulted in a massive withdrawal from the land and the closing of a number of parishes. It has been estimated that, of every ten farms opened by the Department of Colonization in Abitibi, nine are no longer operational. At Palmarolle, the most prosperous sector of rural Abitibi, the continued existence of family farming is threatened by a serious 'problème de relève,' explained by the relative isolation of the area, a vastly-improved educational system, improved communications (including television), a general awareness among young people of the existence of vocations more attractive than farming, and a diminution if not a disappearance of the religious fervour which helped to bring about the settlement of the region in the first place. Certain planners anticipate the eventual disappearance of agriculture from virtually the entire Abitibi region, while others have suggested that marginal dairy farms be regrouped to form vast pastures for company-run beef cattle operations. Somewhat similar projects have also been proposed for the Lake St John and Gaspé regions. For example, vast blueberry barrens were established on the dune fields and outwash plains of northern Lake St John in order to provide alternative employment opportunities for the marginal farmers of this sector; however, the plan has not proved practical largely because of the seasonality of such work, and farm abandonment continues apace.

Reforestation of derelict land is an obvious, but only partial, solution to the problems of the marginal areas of the province. The pioneers in this field were the paper companies of the St Maurice valley, notably the Laurentide Paper Company, which bought up and reforested large tracts of marginal farmland north of Grand'mère between 1913 and 1932. The now mature pine and spruce stands are presently being harvested by Laurentide's successor, the Consolidated-Bathurst Company. Other more recent efforts at reforestation have been undertaken by the Canadian International Paper Company in the Rouge valley, and by private individuals, with the support of the Quebec Department of Lands and Forests, in the Ste-Anne and Batiscan river valleys. However, in comparison with the total acreage of abandoned farmland in the province, the area reforested to date is minimal, if not negligible.

## The recreational ecumene

Recreation and tourism are among the mainstays of the economy of Quebec, and may eventually replace the forest industries as its principal prop. Although Montreal and Quebec remain the province's main tourist attractions, much of southern Quebec now has a decided recreational vocation, particularly the southern fringe of the Laurentians, the Eastern Townships (Estrie) region, and the littoral of the estuary and Gaspé peninsula. The outward expansion of the recreational ecumene from the core areas of Quebec City and the Montreal archipelago (whose polluted waters now preclude most forms of recreational development) reflects the improvement of communications throughout southern Quebec and the growth of its principal cities. It is essentially a post-war phenomenon, even though its foundations were laid in the last decades of the nineteenth century, when wealthy easterners, mostly English-speaking, summered at Murray Bay, Tadoussac, Cacouna and Métis on the St Lawrence estuary, on lakes Maskinongé and des Sables in the Laurentians, and on Memphremagog and Massawippi in the Townships, all easily accessible at that time either by rail or by boat. The invention of the automobile, and subsequent improvements to the road network, resulted in the more intensive recreational development of areas proximate to large cities, particularly the rugged, lake-sprinkled Laurentian hills northwest of Montreal. The increasing popularity of cross-country, and later alpine, skiing was an additional stimulus to the development of this area, which, in terms of total numbers of skiers, trails, and lifts, has been Canada's foremost winter sports centre since the 1920s. Cottages now ring virtually all the lakes of the Laurentian area, while the slopes of the North river basin are laced by ski slopes and trails and dotted with ski chalets. The Laurentian Autoroute, completed in 1965, now allows Montrealers to reach the heart of this area (Ste-Adèle) in less than 45 minutes; it is presently being extended northward to Ste-Agathe-des-Monts. Unfortunately, pollution, both aquatic and visual, now plagues the region. Route 11 is a sleazy ribbon of service stations, souvenir shops, and second-rate eateries, its embankments spotted by billboards; the once attractive North River is now little more than an open sewer; and some of the lakes of the interior are polluted to the point that the Department of Health has been forced to close their bathing beaches.

Pressures on the environment are not nearly so great in the other cottaging and recreational areas of the province. Development of the Eastern Townships region, also served by an autoroute from Montreal, has been more recent and more orderly, with lake fronts less cluttered and ski complexes better spaced. A small but attractive provincial park has been established at Mount Orford, and citizens' groups are making headway in cleaning up the major lakes of the area. Recreation north of Ottawa is becoming increasingly centred on the National Capital Commission's well planned, lake-sprinkled Gatineau Park, with its many ski slopes and hundreds of miles of cross-country trails. The conurbations of the lower St Maurice valley are served by two new parks, the first (provincial) stressing fishing and the second (federal), conservation. The new Forillon National Park at Gaspé, with its rugged sea cliffs, steep talus slopes, sandspits, and spectacular vistas across Gaspé Bay, provides a complement to the already intensive recreational developments at nearby Percé.

The other parks of the province, mainly found on the Shield and in interior Gaspé, are all under provincial jurisdiction and are considerably less satisfactory than most of those mentioned above. Most stress fishing and hunting in preference to other activities, thus appealing to only a small segment of the population. Timber concessions have been accorded in almost all of the parks, and the deplorable, but perhaps necessary, practice of clear-cutting has contributed significantly to the deterioration of the environment (soil erosion, stream pollution), notably in the Parc des Laurentides north of Quebec City. The sprawling territories of private fish and game clubs, leased from the government at nominal fees by companies and associations, encroach upon the parks, rendering large sectors inaccessible to the general public. The government is now under considerable pressure to cancel these leases, and has made some progress in this respect in the Laurentians north of Montreal. However, an effective counter-argument is that the clubs have long practised recognized conservation measures within their leaseholds, and that an open-door policy would result in an inevitable depletion of their resources. This notwithstanding, the fact remains that there are no longer any public bathing beaches to accommodate the 500,000 inhabitants of the Quebec metropolitan area (the St Lawrence and its tributaries are too dirty, and the nearby lakes are completely built up), while on Crown land only a few miles to the north an almost unlimited number of virtually unspoiled beach-fringed lakes remain under private jurisdiction and totally inaccessible to the public.

**Urban sprawl**
Urban growth in the province has never been subject to government control, and as a consequence development has been haphazard and incoherent. The Montreal area is a good case in point. In that the numerous

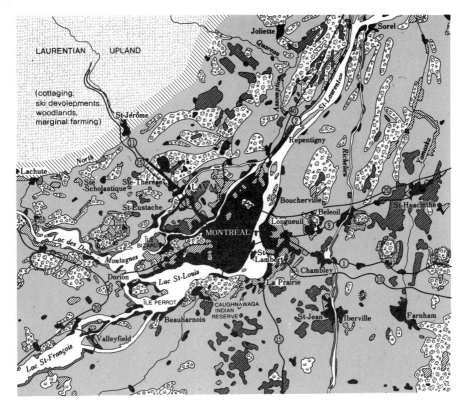

Urbanized Areas and Villages (includes military installations)

Recreation (cottages, golf courses, parks, etc.)

Market Gardening and Specialty Crops (tobacco, potatoes, sugar beets, etc.)

Dairy and General Farming (includes scattered market gardens and farm woodlots)

Apple Orchards

Abandoned and Derelict Farmland (includes a few scattered farms and woodlots)

Swamps, Peat Bogs

Wooded Areas (limits greatly generalized; includes scattered farms, some abandoned)

Shield Edge

Monteregian Hills and Precambrian Outliers

Autoroutes and Major Throughways

0          10 Miles
0          16 Kilometers

## 2.6
## Generalized Land Use, Montreal Plain, 1968

(Generalized from field surveys undertaken by P. B. Clibbon for the Canada Land Inventory, 1965-68) municipalities of the metropolitan area, particularly those of its periphery, are all in competition one with another for the tax revenues accruing from housing, commercial, and industrial developments, zoning regulations and sound principles of land use are often interpreted or bent to accommodate the prospective client. A consequence is the lack of 'compactness' of the metropolitan area. Industrial parks and housing developments, separated one from another by vast tracts of abandoned farmland held in speculation, are scattered almost indiscriminately along the major railroads, autoroutes, and throughways feeding into the city. A coherent pan-metropolitan planning policy would have allowed control over such growth, and might have encouraged the more rational use of land within the urbanized area. For example, the wooded slopes and lake-spotted summit of Mount St Bruno might have been set aside as a mountain park which could have been developed along the lines of Montreal's magnificent Mount Royal; instead, residential developments now extend almost to its crest and gravel pits lacerate its lower slopes. The apple orchards of Mount St Hilaire are now suffering more or less the same fate, just as suburbia is now invading the prosperous market gardening areas of Ile Jésus, now the city of Laval. In retrospect, it would seem that such areas should have been integrated into a circum-archipelagic green belt of farms and forests. However, it would not be too late to establish a discontinuous 'outer green belt' which could include the orchard-dotted Oka massif, mounts Rigaud, Yamaska, and Rougemont, the upper slopes of Mount St Hilaire (now the property of McGill University), and the better part of the 95,000 acre tract recently expropriated by the federal government for the construction of an international jetport at Ste Scholastique. The latter property, some 22 miles in length, sprawls along the North River from Lachute in the west to St Jérôme in the east; it is essentially rural and contains some of the best farmland of the Montreal plain. The first two runways are presently under construction and may be in use as early as the fall of 1975, but the expansion of the airport within the 18,500 acre 'operational area' will continue until roughly 1995. The remaining 76,500 acres will form an immense buffer zone around the operational area. Commercial farming, reforestation, and recreation will all be encouraged within this sector, subject, however, to certain controls to reduce the bird population along the flight paths. Residential growth will not be permitted, and industrial development will be confined to one or two industrial parks. Were the provincial government to establish somewhat similar controls in adjacent areas (a planning body has already been established for just this purpose), it could well mark the beginnings of a green belt for metropolitan Montreal and a start toward the rationalization of land use throughout the entire Montreal plain.

**Photo 3 Aerial photograph Q 64523-044, Quebec Department of Lands and Forests, 1964. The urbanization of a market-gardening area on Ile Jésus (City of Laval) in the Montreal archipelago.**

**Trends**
Quebec's agricultural ecumene will continue to contract, and farming may well disappear entirely from marginal areas such as the Gaspé plateau and northernmost Abitibi. However, in the St Lawrence lowland, and particularly on the Montreal plain, agriculture will become increasingly specialized and market-oriented. The acreage in vegetables, small fruits, and specialty crops will continue to expand at the expense of dairy and general farming, but urbanization will bring about the dismemberment and outward displacement of those areas of specialized agriculture close to large cities. In this connection, it is not unreasonable to assume that within ten years there will no longer be vegetable farms on Ile Jésus and the Côte de Beauport, or apple orchards at Mount St Hilaire. However, specialized agriculture may well flourish within the confines of the area expropriated for the Ste-Scholastique airport, particularly on the sandy soils east of the Laurentian Autoroute; it has already been suggested that high-value, low bulk produce such as strawberries be exported from here by air.

Improvements to the communications network will bring about an intensification of recreational land use, particularly cottaging, in areas of high potential but presently difficult of access. The projected extension of Autoroute 40 from Berthierville to Quebec will open up the St Maurice and Batiscan valleys to Montrealers, and the construction of an autoroute along the north shore of the Ottawa between Montreal and Hull would stimulate the recreational industry of the Lièvre valley, an area of remarkably high potential but little development, according to Canada Land Inventory maps. However, the continued development of recreation and tourism along the margins of the Laurentian and Appalachian uplands will almost certainly accelerate the shrinking of the agricultural ecumene. For example, the area in agriculture in the Laurentians north of Montreal dropped from 110,000 to 26,000 acres between 1921 and 1961; of course, not all of this loss is explained by the tourist boom which took place here over this period, but it should be noted that in those sectors where recreational land use is most intensive (for example, the North River basin), agriculture has now completely disappeared.

The Montreal urban agglomeration will continue to expand in tentacular fashion along axes which are already well-defined – for example, Routes 9, 11, 15, 20, and 40. However, because of the choice of location of the new international airport, the accelerated urbanization and industrialization of the rural areas northwest of the metropolis can now safely be predicted. Residential growth in the City of Laval and the North River corridor will almost certainly be stimulated, and the Laurentian Autoroute may well become one of the principal industrial axes of the agglomeration.

# 3 Le Québec rural

MARCEL BELANGER

Bien que les agriculteurs ne forment plus que 5 pour cent de la population active du Québec, l'espace québécois reste profondément marqué par la civilisation rurale qui en a jadis dessiné les premières configurations. C'est à la reconnaissance de ce fait, comme à celle des problèmes qui en découlent, que ce chapitre est consacré.

## LES TERRES SEIGNEURIALES

Par delà la Guerre de la Conquête, qui livrait la Nouvelle-France à l'Angleterre, s'impose la réalité des terres seigneuriales laurentiennes. Délimitées par l'administration française mais maintenues dans leur tenure d'origine par l'administration britannique, elles ont suffi, jusqu'au milieu du dix-neuvième siècle, à l'expansion rurale des populations installées par l'entreprise française sur les rives du Saint-Laurent. Elles ont été le creuset d'une culture.[1]

L'aire seigneuriale correspond, en gros, à celle des Basses Terres laurentienne québécoises, c'est-à-dire, à l'ensemble des terres relativement fertiles et facilement accessibles par voie d'eau depuis l'estuaire du Saint-Laurent jusqu'à l'amont montréalais. Faite de l'addition des concessions attribuées au fur et à mesure que progressait la colonisation, l'aire seigneuriale définit le cadre territorial d'une structure agraire 'laurentienne' dont l'explication constitue le départ obligatoire de toute analyse de l'espace québécois.

Dans sa forme originelle de 'rang de rivière,' le rang laurentien apparaît être la *conséquence de faits d'organisation régionale*, d'ordre naturel et

---

[1] Sur la formation de la structure agraire et l'évolution du peuplement laurentiens, voir notamment: R.C. Harris, *The Seigneurial System in Early Canada* (University of Wisconsin Press et Presses de l'Université Laval 1966); M. Séguin, *La nation canadienne et l'agriculture*, thèse dactylographiée, Faculté des Lettres Université de Montréal, 1947; M. Trudel, *Atlas de la Nouvelle-France* (Presses de l'Université Laval 1968), 95 planches.

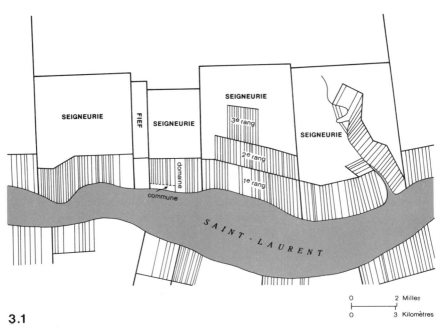

**3.1**

**Schéma de la Structure Agraire Laurentienne**
(D'après M. Trudel, R.C. Harris et des documents d'époque «XVIIᵉ et XVIIᵉ siècles»)

social. L'accès direct au Saint-Laurent présentant des avantages inestimables pour toute exploitation, on peut affirmer que les censives, unités d'exploitation agricole, devaient tendre à se disposer le long du fleuve et à s'y disposer régulièrement en parcelles rectangulaires, dans la mesure où le cadre seigneurial se prêtait à des arrangements systématiques. Or, ce cadre a bel et bien été celui d'un système d'établissement rural qui s'est appuyé sur le découpage rationnel des terres laurentiennes. Il aura conçu d'autant plus aisément l'idée d'un parcellaire fondé sur la répartition d'un accès direct aux voies fluviales entre un nombre optimal de censives que ce type de parcellaire ne faisait que reproduire à l'échelle locale le schéma d'une organisation régionale fondée, quant à elle, sur la répartition des terres riveraines entre un nombre optimal de seigneuries. Le 'rang de rivière' est indissociable d'une organisation régionale faite de tracés perpendiculaires aux axes fluviaux et dont il répercute, en quelque sorte, le principe au niveau des parcellaires (fig. 1).

Faut-il, pour autant, admettre que 'le rang de rivière' devait nécessairement servir de modèle aux établissements de l'intérieur et pourvoir ainsi les terres laurentiennes d'un type d'habitat qui les caractérise universellement? Certainement pas. Bien que l'économie rurale n'ait guère varié tout au long des deux siècles durant lesquels s'accomplit la conquête des terres seigneuriales, d'autres formes de parcellaire auraient pu lui être substituées, comme le montrent les initiatives d'un Jean Talon à Charlesbourg et à Bourg Royal. Le triomphe du rang implique une fidélité à des formes originelles que les *conditions régionales de l'expansion rurale* permettent d'expliquer. Ces conditions ont été celles d'un milieu fluvial et estuairien dont le peuplement, bien qu'il ait bénéficié d'un accroissement naturel considérable, a progressé à un rythme relativement lent, en raison du très faible courant migratoire qui l'a alimenté. De la sorte, l'étape d'un peuplement essentiellement riverain a caractérisé durant plus d'un siècle, l'établissement laurentien. Les 50,000 ruraux dénombrés en 1760 étaient, pour la plupart, des riverains du Saint-Laurent et de ses affluents. On peut, dès lors, raisonner de la manière suivante : cette étape aura duré suffisamment longtemps pour déterminer des comportements collectifs et pour que le rang ait eu tendance à se perpétuer, à la manière d'un trait culturel acquis.

Cadre séculaire de l'établissement seigneurial, la structure agraire laurentienne identifie une aire culturelle et un type de civilisation. Conquises par le moyen de défrichements effectués de proche en proche, de génération en génération et de rang en rang, les terres seigneuriales sont, assurément, le lieu d'une aire culturelle. Elles sont, aussi, celui d'un type de civilisation dont on retrouve l'exemple dans les colonies américaines. Son principe est celui d'un établissement humain fondé sur la répartition égale des ressources naturelles entre un nombre croissant d'hommes par le découpage inlassablement poursuivi d'un espace ouvert en grandes parcelles de taille constante. La progression rapide et parallèle du nombre des censives et du nombre des ménages en constitue le mécanisme de développement, que l'accroissement des fortunes seigneuriales, conséquence de l'accroissement du nombre des censives, ne perturbera pas.

Aussi bien, l'organisation de l'espace laurentien, au moment où s'achève la conquête des terres vierges vers le milieu du dix-neuvième siècle, se définit-elle essentiellement par la géographie de ses censives. En raison de leur taille, le plus souvent comprise entre 40 et 100 arpents, en raison de leurs façons culturales inspirées d'une exploitation extensive dont le principe a été la recherche de rendements assez satisfaisants, facilement obtenus sur des terres neuves; en raison de ce que le rude climat laurentien voulait que l'on maintint des 'boisés' et en raison, également, d'accidents naturels, étendues marécageuses et sableuses, affleurements rocheux, qui ont fait obstacle à leur mise en valeur, les censives ne pouvaient admettre que des densités assez faibles. Ces densités n'ont pas dépassé 40 habitants au mille carré pour l'ensemble des terres seigneuriales et le double de ce rapport pour l'ensemble des terres effectivement occupées.[2] Par ailleurs, n'ayant jamais connu qu'une petite commercialisation (inférieure à $100.00 par ferme et par année durant la phase exceptionnellement prospère des années 1774–1800),[3] les censives n'ont pas engendré une vie de relations intenses, un réseau cohérent de bourgs ruraux qui en aurait jalonné les alignements. Pourvu de deux grandes places de commerce de type colonial (Montréal et Québec), l'établissement laurentien n'aura d'autre armature urbaine que le maigre squelette de petits bourgs portuaires, peuplés de quelques centaines d'habitants, et dont chaque seigneurie a sans doute tenté de se pourvoir. Il sera dépourvu de voirie, hors le Chemin du Roi et quelques routes militaires, peu praticables, et hors la grille des chemins de rang destinés aux seuls rapports de voisinage.[4] Ainsi donc, le paysage des terres seigneuriales se présente comme une gigantesque mosaïque de censives, mosaïque formée de tracés rectilignes et à l'intérieur de laquelle alternent boisés et abattis, jachères et pâturages, champs de blé et jardins potagers. Bien que la disposition des censives en rang ait pu y créer l'illusion de densités élevées, ce paysage appartient, par sa configuration générale, *au monde colonial nord-américain.*

Il n'est pas étranger, pour autant, à toute différentiation régionale. Ses terres riveraines, ses terroirs les plus anciens sont plus intensivement cultivés et défrichés; ils n'échappent pas à un début de parcellement et donnent des signes d'épuisement.[5] Les années 1840 marquent le début d'une crise agricole dont le dénouement n'aurait pu être que celui d'une réforme agraire, si d'autres solutions ne s'étaient offertes aux problèmes d'une colonie dont la croissance ne pouvait plus désormais s'effectuer à l'intérieur du système et du territoire qui en avaient assuré, durant deux siècles, le développement.[6]

En effet, l'établissement rural seigneurial, une fois atteintes les limites des concessions françaises, perd aussitôt son caractère originel de colonie de peuplement en pays neuf. Il ne forme plus, au moment où le système seigneurial est aboli (1854), qu'une aire culturelle peuplée d'un demi-million de ruraux et qui devra s'accommoder du processus de développement nouveau qu'introduit l'industrialisation de l'Amérique du Nord.

**2** Valeurs approximatives calculées d'après les données de J. Bouchette (*The British Dominions in North America*, London 1832, I, 183) et de M. Séguin, *op. cit.*, 159.

**3** D'après M. Séguin, *op. cit.*, 109.

**4** Voir à ce sujet, F. Ouellet, *Histoire économique et sociale du Québec*, 1760–1850 (Fides 1966), 268–70.

**5** *Idem*, 470.

**6** Voir M. Séguin, *op. cit.*, 222 et suivantes.

## L'EVOLUTION RURALE CONTEMPORAINE

S'il est universellement connu le Québec est une province francophone, il est moins répandu que la population de cette grande région d'urbanisation de l'Amérique du Nord est issue, pour les quatre cinquièmes, du peuplement des terres seigneuriales, c'est-à-dire, d'un peuplement régional préindustriel. Dérivée de l'établissement seigneurial, l'aire culturelle québécoise révèle la réalité d'un processus de développement, caractérisé par l'intégration progressive au complexe économique canado-américain d'un monde rural politiquement et culturellement lié à ses terres originelles. Compromis perpétuel entre l'attraction exercée par des conditions sociales nouvelles et la fidélité à l'univers ancestral, le développement québécois doit à ses composantes rurales ses caractères spécifiques, comme il doit ses caractères généraux à sa situation nord-américaine. L'évolution du monde rural québécois se retrouve ainsi au centre de l'explication d'un espace dont les structures seraient assurément différentes, s'il n'avait été le lieu d'une 'culture.'

Aussitôt reconnues les limites d'une croissance basée sur la conquête des terres vierges régionales, la possibilité d'une émigration rurale à destination des centres industriels américains, canadiens et québécois, voire à destination d'espaces ruraux extrarégionaux, détermine le contexte d'une évolution agricole orientée, dès la deuxième moitié du dix-neuvième siècle, vers la recherche du profit.[7] Cette émigration est, en effet, le moyen d'un équilibre population-subsistances distendu qui permet d'engager la polyculture traditionnelle laurentienne sur la *voie d'une modernisation à l'américaine*, effectuée parallèlement à la révolution industrielle. Ainsi, depuis plus d'un siècle, la taille moyenne des exploitations agricoles québécoises a sans cesse augmenté, passant de 51 acres en 1844 à 92 en 1881, 104 en 1911, 117 en 1941, 161 en 1966.[8] Due pour une part à l'expansion rurale des plateaux où la dimension des exploitations a constamment été supérieure à celle des basses terres, cette augmentation est aussi fonction d'un allègement de la charge humaine des terroirs laurentiens où, comme l'a noté Raoul Blanchard à propos de la plaine de Montréal, on observe dès 1860–70 le processus d'un dépeuplement rural précoce.[9] En même temps qu'elle augmente la taille de ses exploitations, l'agriculture québécoise se spécialise jusqu'à former aujourd'hui l'une des régions agricoles le plus homogène qui soit : 64 pour cent des fermes commerciales du Québec sont

---

7 Voir A. Faucher, L'émigration des Canadiens-français au xixè siècle, dans *Recherches Sociographiques*, v, 3 (1964), 277–317.
8 D'après les données du recensement.
9 R. Blanchard, *L'Ouest du Canada-française, Montréal et sa région* (Beauchemin 1953), 73 et suivantes.

des fermes laitières (1966). D'abord adonnée à des productions végétales nouvelles au lendemain de la crise des années 1830–40 (céréales autres que le froment, pommes de terre, foin destiné à l'exportation américaine), elle s'oriente ensuite vers la production laitière, tant par l'effet de la concurrence des blés de l'Ouest que par celui de conditions naturelles régionales favorables à la rotation foin-avoine : les fabriques de beurre et de fromage qui n'étaient que 90 en 1880 sont, 20 ans plus tard, près de 2000.[10]

Libéré des contraintes des civilisations rurales traditionnelles par une émigration massive et continue (on estimerait à plus de 2,500,000 la population d'origine 'seigneuriale' vivant aux Etats-Unis),[11] le monde rural québécois n'échappe cependant pas à des conditionnements culturels qui sont à l'origine d'une *certaine pression démographique caractéristique.* Comme le fait ressortir la comparaison des mondes ruraux québécois et ontarien, les seuils d'émigration rurale sont relativement élevés au Québec. En effet, bien que moins favorisé par la nature, le Québec est pourvu d'une population agricole supérieure à celle de l'Ontario. Cette situation reflète à la fois le phénomène de fermes plus petites et de ménages agricoles plus grands au Québec qu'en Ontario et celui d'un œcoumène agricole relativement plus étendu au Québec qu'en Ontario, à aptitudes naturelles égales. Elle n'est évidemment pas le résultat d'une exploitation plus intensive puisque les fermes québécoises présentent des valeurs inférieures aux fermes ontariennes, en ce qui concerne les rendements, la productivité et les revenus.[12] Elle traduit un fait culturel, celui de l'adhérence d'une collectivité à un territoire dont la réalité s'est exprimée tout au long de l'évolution rurale contemporaine, sous la forme d'une expansion rurale poursuivie jusqu'à la dernière guerre (fig. 2) et sous celle, également, d'accommodements symbiotiques entre vie rurale, croissance industrielle et comportements politiques.

L'expansion rurale québécoise contemporaine s'est effectuée dans le cadre d'une entreprise diocésaine et paroissiale accrochée à un système

**10**   Voir G. Toupin, La production animale, dans *Etudes sur notre milieu, L'agriculture,* ed. E. Minville (Fides 1943), 201–11; voir également, F. Ouellet, *op. cit.,* 257, 507 et suivantes et W.H. Parker, A Revolution in the Agricultural Geography of Lower Canada 1833–38, dans *Revue Canadienne de Géographie,* xi, 1 (1957), 189–94.

**11**   Voir G. Paquet, L'émigration des Canadiens-français vers la Nouvelle-Angleterre, 1870–1910, dans *Recherches Sociographiques,* v, 3 (1964), 34.

**12**   Voir G.V. Haythorne, *Labor in Canadian Agriculture* (Harvard University Press 1960); P. Biays, *Les Marges de l'oekoumène dans l'Est du Canada* (Presses de l'université Laval 1964); J.P. Wampach et Y. Proulx, *Les disparités régionales de productivité du travail et du capital dans l'agriculture,* publication polycopiée, Faculté d'agriculture (Université Laval 1969).

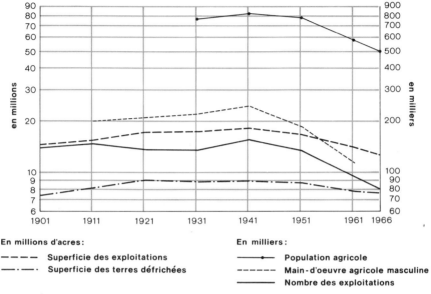

En millions d'acres :

– – – –  Superficie des exploitations
—·—·—·  Superficie des terres défrichées

En milliers :

————•——  Population agricole
– – – – –  Main-d'oeuvre agricole masculine
————————  Nombre des exploitations

**3.2**

## Évolution de l'Agriculture Québécoise, 1901-1966

(Source: Les recensements du Canada et G.V. Haythorne, op. cit. p. 13, chart 3)

municipal d'inspiration britannique qui lui a donné, en quelque sorte, ses lettres de créance officielles. De 1855 à nos jours, le mécanisme de cette expansion a toujours été le même, celui de la formation de paroisses de tradition romaine érigées en municipalités, une fois mis en place leur noyau.[13] Dans une première phase qui dure jusqu'à la Première Grande Guerre, la colonisation s'effectue spontanément par débordement des populations seigneuriales sur les rebords des plateaux laurentidien et appalachien, territoires contigus aux vieilles terres laurentiennes. Particulièrement active entre 1851 et 1871, alors que les surfaces défrichées s'accroissent de 58 pour cent, elle se ralentit ensuite, tant en raison de ce que les meilleures terres des plateaux ont été vite appropriées par une population dont les accroissements naturels augmentent très rapidement en valeur absolue, qu'en raison du très fort appel de main-d'œuvre suscité par l'industrialisation américaine. C'est durant les années 1880–90 que l'émigration québécoise vers les Etats-Unis atteint ses valeurs maximales et c'est également à cette époque (1875) que le gouvernement québécois installe à Worcester une agence de rapatriement de ses nationaux.[14] Episode signi-

**13**  P. Biays, *op. cit.*, 224 et suivantes.
**14**  G. Paquet, *op. cit.*, 336.

ficatif : l'expansion rurale se heurte aux établissements loyalistes presque
centenaires de l'Appalachie méridionale; elle les absorbera, tant il est vrai
que la pression démographique québécoise n'a pas d'équivalent en milieu
anglo-saxon. Dans une deuxième phase et qui va perdurer jusqu'au lendemain de la dernière guerre, la colonisation prend de plus en plus l'allure
d'une entreprise d'état, l'allure d'une opération dirigée. Les ressources
accrues de l'état québécois la rendent possible; la grande crise économique
qui frappe si durement une population déjà plus urbaine que rurale, la
rend nécessaire. Mesure de salut public, la colonisation des années 1930,
fondée sur un éventail de primes à l'établissement rural qui ira s'élargis-
sant, porte jusqu'à ses limites extrêmes l'œcoumène agricole québécois :
les plateaux gaspésiens, les terroirs appalachiens contigus aux états américains, les terres les moins fertiles du lac Saint-Jean, les argiles souvent
marécageuses du quasi-boréal Abitibi sont attaqués et défrichés.[15] Mouvement séculaire, l'expansion rurale québécoise aboutit à la mise en place
d'un établissement rural de plateau plus important que celui des basses
terres laurentiennes, au moment de son extension maximale.[16]

Contemporaine de la révolution industrielle, cette expansion n'a pas été
le seul fait d'une colonisation agricole; elle a constamment été liée à l'exploitation forestière conduite pour l'exportation (bois de construction, sels
de potasse, pulpe de bois et papier). Au peuplement des plateux est étroitement associé un genre de vie dont la logique est celle d'un compromis entre
un établissement rural, une activité agricole simultanément destinée à
l'autoconsommation et à la commercialisation et une exploitation forestière génératrice de revenus. Pratiquée traditionnellement en morte saison
au sein des concessions des grandes scieries et papeteries (mais ne dédai-
gnant pas les 'lots de colonisation'), la coupe du bois s'accompagne obli-
gatoirement de déplacements intéressant la seule population adulte masculine. Les paroisses des plateaux forment ainsi, au sein de l'œcoumène agricole québécois, une entité distincte, celle des 'paroisses agro-forestières,'
entité combien démonstrative d'un contexte rural spécifiquement québécois. Aujourd'hui problématiques et en pleine transformation, les paroisses des plateaux ont défini, durant tout un siècle, un type de société dont
l'étonnante complexité reflète la situation singulière d'une aire culturelle
partagée entre des tendances contraires dont elle s'accommode.

Elles sont, par là, l'indice d'une situation plus générale et selon laquelle
l'urbanisation du Québec s'est effectuée par l'afflux massif de ruraux

---

15   P. Biays, *op, cit.*, 241 et suivantes.
16   D'après un calcul rapide effectué à partir des données du Recensement, la
population agricole des plateaux forme environ 60 pour cent de la population agricole totale du Québec en 1941.

adonnés à des tâches industrielles (industries de biens de consommation de la première génération industrielle reposant sur la présence d'une main-d'œuvre rurale surabondante et peu coûteuse),[17] comme elle s'est accomplie à partir de noyaux urbains préindustriels de type colonial et à la faveur d'initiatives émanant d'aires extra-régionales et culturellement étrangères. De la sorte, s'est dessiné le contexte d'une géographie politique québécoise caractérisée par une surreprésentation rurale marquée,[18] accompagnatrice et génératrice d'attitudes et de politiques marquées d'influences sinon de préoccupations plus rurales qu'urbaines.[19]

## LES TRANSFORMATIONS ULTIMES

Le Québec ne formera plus, bientôt, qu'une seule grande région d'urbanisation, faite de territoires plus ou moins densément peuplés et à l'intérieur desquels la distinction classique villes-campagnes aura perdu sons sens.[20] Il vit aujourd'hui ces transformations ultimes par lesquelles s'achève la longue métamorphose d'une civilisation rurale autochtone en une civilisation 'mégalopotitaine.' Il liquide, en quelque sorte, les composantes rurales de son développement. Dans un premier temps et qui caractérise l'évolution encourue durant les 25 dernières années, le monde rural québécois disparaît comme principe de développement : sa fonction traditionnelle d'univers-refuge d'une aire culturelle s'effrite et le domaine agricole se rétracte pour ne plus subsister que là où se trouvent réunies les conditions les plus favorables à la pratique d'une agriculture hautement spéculative. Dans un deuxième temps dont l'amorce est toute récente (années 1960), s'opère la lente et difficile substitution de structures organisationnelles nouvelles aux éléments traditionnels de vie collective qu'ont été la paroisse, la municipalité, le comté, le diocèse, hérités de l'antique civilisation rurale.

### Le dépeuplement rural des plateaux

A l'inverse de la croissance urbaine qui tend à répartir les hommes le long de l'axe laurentien, l'expansion rurale s'est effectuée par le moyen d'établissements de plus en plus éloignés de cet axe. Indépendantes l'une de

**17** A. Raynauld, *Institutions économiques canadiennes* (Beauchemin 1964), 77 et suivantes.
**18** Trente-cinq comtés électoraux sur 108 ont des populations inférieures de plus de 25 pour cent à celle qu'un juste découpage exigerait. Voir R. Boily, *La réforme électorale au Québec* (Editions du Jour 1970).
**19** M. Bélanger et M. Charney, *Architecture et urbanisme au Québec*, (Presses de l'Université de Montréal 1971).
**20** Sur l'évolution récente du monde rural, voir l'ouvrage fondamental de Gérald Fortin, *La fin d'un règne* (Editions HMH 1971).

l'autre quant à leur direction, l'urbanisation et l'expansion rurale québécoises ne pouvaient qu'engendrer une organisation régionale caractérisée par des écarts de niveau de vie marqués entre zones centrales et zones périphériques,[21] écarts d'autant plus accentués que les conditions climatiques se détériorent nettement à mesure que l'on s'éloigne des zones centrales. Ces écarts, à leur tour, ne pouvaient qu'entraîner, une fois réalisées les conditions d'une urbanisation totale de l'espace québécois, une émigration rurale intense, contrepartie post-industrielle du mouvement de colonisation. L'augmentation de la productivité et des salaires industriels, la croissance accélérée du secteur tertiaire, l'émergence des politiques sociales, l'augmentation du nombre des hommes impliqués dans le processus de la croissance urbaine ont ainsi déterminé, après la dernière guerre, un terrain éminemment favorable à l'apparition d'un phénomène nouveau, celui du dépeuplement rural des plateaux[22] (fig. 3).

Pour réel qu'il soit, ce phénomène ne se laisse pourtant pas facilement décrire et l'interprétation en paraît délicate à partir du moment où l'on constate que les évolutions des populations agricoles et rurales ne sont point parallèles. En effet, s'il est vrai que les paroisses agro-forestières ont le plus souvent vu diminuer et leur population rurale et leur population agricole durant le quinquennat 1961-6,[23] il reste qu'un petit nombre d'entre elles, seulement, ont vu diminuer de plus de 13.3 pour cent et leur population rurale et leur population agricole (soit, une centaine de cas). En revanche, il faut constater que 23 pour cent des unités rurales de recensement (soit 252 cas), en très grande majorité situées sur les plateaux, ont accusé des diminutions de population agricole supérieures à 13.3 pour cent, tout en connaissant des diminutions de population rurale inférieures à ce rapport.[24]

Complexe dans le principe de son développement, le monde agro-forestier l'est, aussi, dans celui de sa désintégration. On y observe, d'une part,

**21**   En 1961, le revenu moyen varie du simple au double entre la région métropolitaine et les territoires appalachiens. Voir à ce sujet les travaux remarquables de R.D. Hirsch et G. Vibien sur *Les origines et la nature des déséquilibres régionaux du Québec* et *La Répartition du revenu personnel au Québec*, publications polycopiées du Conseil d'Orientation économique du Québec 1967.

**22**   Voir N. Keyfitz, L'exode rural dans la Province du Québec, 1951–61, dans *Recherches Sociographiques*, III, 3 (1962), 303–15.

**23**   La définition de l'exploitation agricole ayant varié entre les recensements de 1951 et 1961, une étude rigoureuse de l'évolution des populations agricoles n'est guère que possible pour le quinquennat 1961–6.

**24**   D'après C. McNicoll-Robert, *L'évolution récente des paroisses agro-forestières du Québec, 1961–66*, thèse de maîtrise, Faculté des Lettres (Université de Montréal 1971), 62 et suivantes.

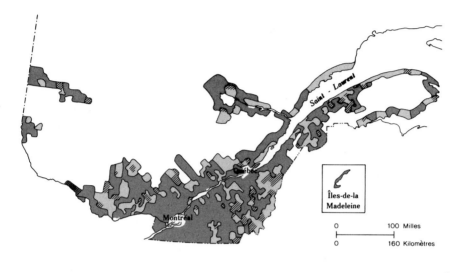

Îles-de-la
Madeleine

0             100 Milles

0             160 Kilomètres

Zones dans lesquelles la population rurale a diminué de moins de 13.4%, mais où la diminution de la population agricole est supérieure à ce rapport (cas de dépeuplement rural modéré avec tendance à la substitution d'activités)

Zones dans lesquelles la population rurale et la population agricole ont diminué de plus de 13.3%* (cas de dépeuplement rural accentué)

Tout autre type de comportement

* 13.3%: diminution de la population agricole de l'ensemble du Québec de 1961 à 1966

**3.3**

**Le Dépeuplement Rural au Québec, 1961-1966**

(Source: Généralisation de la carte établie par C. McNicoll-Robert, op. cit.)

une régression indiscutable de l'agriculture, sans doute définitivement condamnée dans ses formes d'exploitation actuelles, depuis le gel des contingents de subventions à la production et à la commercialisation du lait.[25] D'autre part, la disjonction des fonctions agricole et forestière (depuis longtemps latente et aujourd'hui acquise), s'y accompagne de l'émergence d'une entité socio-professionnelle nouvelle, celle des travailleurs forestiers.[26] Restés fidèles à leurs habitats originels et, par là, responsables de la survie des 'rangs agro-forestiers,' ces travailleurs sont, aujourd'hui, l'élé-

25   Pratiquée depuis 1967, la politique des 'quotas de lait' entraîne la disparition rapide des petites fermes laitières. En une seule année, la coopérative du Haut de la Chaudière a perdu environ 10 pour cent de ses 'quotas.' (Donnée aimablement communiquée par M.A. Normandeau, agronome.)

26   Voir, à ce sujet, G. Fortin, *op, cit.*, 17 et suivantes. L'introduction de la machinerie lourde, débusqueuses et tronçonneuses, dans l'exploitation forestière (années 1962–3) a pour conséquence d'étendre à la plus grande partie de l'année la durée des opérations et d'en inverser, de l'été à l'hiver, la morte-saison.

ment moteur de l'économie des zones périphériques, où leur présence justifie le développement des services. Peut-on croire que, grâce à cet élément, le dépeuplement des paroisses agro-forestières atteindrait bien vite un palier, une fois liquidées les séquelles de la disparition d'un genre de vie traditionnel? En d'autres termes, les écarts observés entre dépopulation agricole et dépeuplement rural ne traduiraient-ils pas le phénomène d'une transformation réussie des habitats agro-forestiers en habitats urbanisés ?

Rien n'est moins sûr et voilà bien la raison du malaise profond ressenti par les populations des régions périphériques. Des enquêtes conduites dans le territoire de l'Etchemin ont fait ressortir que l'économie des zones agro-forestières repose sur la base fragile *de populations rurales résiduelles autour desquelles s'est édifié un appareil urbain relativement important.*[27] Il y a bien urbanisation de ce territoire : les centres de services y voient leur population augmenter et les paroisses les plus populeuses y maintiennent leurs effectifs; les activités tertiaires (groupes socio-professionnels) y occupent plus de la moitié (54 pour cent) de la population active. Néanmoins, la pratique d'un terrain comme celui-là ne peut que révéler le caractère précaire d'une économie fondée sur l'exercice d'un métier que les cadences de travail liées à la mécanisation ne permettent guère d'exercer, après l'âge de 40 ans; fondée encore sur l'attachement à des habitats (maisons rurales) de plus en plus éloignés des chantiers forestiers. Jouissant de véritables salaires industriels, mais souffrant d'un sous-emploi chronique, contraints à des migrations de travail hebdomadaires, prématurément épuisés au moment où leurs charges familiales sont le plus considérables et, dès lors, forcés de recourir à l'assistance sociale, les travailleurs forestiers ne forment pas un milieu humain viable à long terme.[28] Participant à une économie industrielle par leur travail, ils restent liés, socialement, à des milieux ruraux, et à des milieux ruraux résiduels qui admettent jusqu'à l'existence d'un sous-prolétariat. L'analyse démographique de la population de l'Etchemin (42,000 hab. en 1966) fait enfin ressortir la vulnérabilité d'un territoire qui perd ses éléments jeunes : la population active n'y fait que 27 pour cent de la population totale; le nombre des émigrants y passe de 2945 (1951–6) à 4284 (1956–61); un creux s'y dessine dans la pyramide des âges au niveau des jeunes adultes (20–9 ans).[29] Il apparaît donc, à la réflexion, que l'urbanisation apparente des zones agro-fores-

27   Voir M. Bélanger, *L'Etchemin*, rapport polycopié (ODRE 1968).
28   Voir J. Gauthier, *La forêt dans l'Etchemin* (ODRE 1966), 10 et suivantes. Le revenu net hebdomadaire du travailleur forestier est difficile à évaluer; il est d'ailleurs variable et fonction du rendement des équipes de travail. Il atteindrait aisément $125.00 par semaine.
29   D'après M. Vedrennes, *Etude démographique de l'Etchemin* (ODRE 1968).

tières, conséquence de l'augmentation du revenu du travail en forêt, conséquence encore de l'accroissement des prestations sociales et du progrès des services publics, masque une situation problématique. Le destin des paroisses agro-forestières ne serait-il pas, à la limite, celui d'un dépeuplement quasi-total et déjà en vue? On ne saurait chercher de réponse à cette question hors la perspective de transformations politiques susceptibles de modifier les conditions du développement québécois.

**Le poids des structures traditionnelles**
L'inertie de structures municipales et de découpages électoraux inspirés de tracés paroissiaux et seigneuriaux rend particulièrement laborieux, au Québec, la mise en œuvre de processus nouveaux de développement.[30] Mais le Québec, de par ses origines rurales, est également une aire culturelle exceptionnellement consciente de la dimension collective de son développement. De la sorte, il a connu durant la dernière décennie un cheminement 'aménagiste' caractérisé tant par la faiblesse des ses préoccupations urbaines et par l'audace d'initiatives qui ont voulu poser en termes globaux le problème des régions périphériques.

Exemple le plus achevé de ce cheminement, le Plan de Développement de l'Est du Québec s'est donné comme objectif de faire échec au dépeuplement de l'Appalachie septentrionale québécoise. Grâce à la consolidation des activités traditionnelles et au développement d'activités nouvelles, la population de ce territoire se maintiendrait à son niveau actuel (325,000 hab.) et la pauvreté en serait éliminée.[31] Elaboré dans le cadre de la loi fédérale pour l'Aménagement Rural et le Développement Agricole et ayant usé largement de la participation des populations locales, ce plan est à l'origine de l'Office de Développement de l'Est du Québec, organisme responsable de l'application de l'entente de coopération conclue, en 1968, entre les gouvernements du Québec et du Canada.[32] Mais la mise en œuvre d'un développement planifié en région périphérique peut-elle s'accomplir en dehors d'un plan régional d'ensemble (d'ampli-

---

**30** Voir, à ce sujet, A. Lajoie, *Les structures administratives régionales* (Presses de l'Université de Montréal 1968); *Proposition de réforme des structures municipales* (Ministère des Affaires municipales, Gouvernement du Québec 1971). Le Québec compte plus de 1600 municipalités.
**31** Bureau d'aménagement de l'est du Québec, *Plan de développement, Cahier no. 1*, 1966, publication polycopiée. Signalons que cet objectif apparaît d'autant plus ambitieux que les paiements de transfert représentaient plus du quart du revenu personnel des comtés gaspésiens en 1961.
**32** *Le Plan de développement du Bas-Saint-Laurent de la Gaspésie, des Iles-de-la-Madeleine, entente générale de coopération Canada-Québec, 26 mai 1968*, document publié par l'Office de Développement de l'Est du Québec.

tude québécoise en ce cas) et en dehors d'une réforme des structures administratives? L'initiative gaspésienne – si importante par ses enseignements à long terme – ne peut être, à court terme, qu'un échec. Elle a souffert, au niveau des études, du handicap d'un découpage arbitraire qui ne lui a pas permis d'accorder aux phénomènes d'urbanisation leur importance réelle; elle se bute, au niveau des réalisations, à des structures issues d'un autre âge. Inspiratrice de démarches analogues, quoique moins ambitieuses, en d'autres régions périphériques, l'expérience gaspésienne n'a point eu de contrepartie dans les Basses Terres laurentiennes. Pareille initiative aurait, en effet, fait d'abord appel à des préoccupations très spécifiquement urbaines. Elle n'aurait pu que s'appuyer sur l'idée d'une extension des plans d'urbanisme jusqu'aux espaces agricoles périurbains, à partir du moment où les terres laurentiennes subissent la concurrence d'une utilisation urbaine, comme cela est notamment le cas dans la région de Montréal où la spéculation foncière toucherait plus de 600,000 acres,[33] alors même que cette région contribue pour près de 40 pour cent au revenu net de l'agriculture québécoise.[34]

Il faut donc constater que les initiatives destinées au réaménagement rural n'ont eu jusqu'à ce jour, au Québec, que des effets très limités: programmes de relocalisation des populations rurales de quelques paroisses des plateaux gaspésiens auxquelles ont été consenties des indemnités de déplacement,[35] projets d'aménagement de stations touristiques, projets de fermes forestières ou de domaines forestiers exploités en commun, éveil des populations rurales et, d'une manière plus générale, éveil des populations non-métropolitaines regroupées en conseils régionaux dotés de moyens réduits mais non-négligeables.[36] C'est, ici, reconnaître que les difficultés recontrées par le monde rural, dès l'instant où elles tendent à se résorber par l'émigration et ne mettent pas en cause la subsistance des populations urbaines, n'entraînent point l'élaboration de politiques de réaménagement rural cohérentes et systématiques. *L'avènement de ces politiques passe, au Québec comme dans l'ensemble de l'Amérique du Nord, par l'élaboration de politiques d'urbanisation.*

A cet égard, il est pertinent de souligner que, rendues nécessaires par

33 Voir sur cette question mal connue les interventions présentées au colloque 'La disparition des terres agricoles,' *Actualité,* 1 (nov. 1971).

34 D'après les données du recensement de 1961.

35 Dans le cadre de l'ODEQ, 10 municipalités ont été désignées comme zones-témoins d'une expérience-pilote de 'relocalisation' des populations. Voir *Relocalisation de population dans l'Est du Québec* (Office de planification et de développement du Québec 1970).

36 *Répertoire des Conseils économiques régionaux de la Province de Québec* (Conseil d'Orientation économique du Québec 1965).

la concentration des hommes et devenues indispensables en raison du rôle croissant joué par l'entreprise publique, les politiques d'urbanisation acquièrent une urgence nouvelle, face à l'afflux de populations qui viennent en quelque sorte chercher à la grande ville le refuge qu'elles trouvaient autrefois à la campagne. Stimulée par les progrès de l'éducation et la régionalisation scolaire, encouragée par des politiques sociales qui versent à la ville des prestations supérieures à celles consenties à la campagne, enfin, sans doute davantage contenue à l'intérieur des limites mêmes du Québec qu'elle a pu l'être jadis en raison du nouveau contexte technologique qui y rend plus difficile le passage réussi d'un milieu culturel à un autre, l'émigration rurale québécoise s'accompagne d'un chômage urbain préoccupant par ses implications sociales et politiques. Bien que ce phénomène n'ait pas, à notre connaissance, fait l'objet d'études systématiques, il ne fait aucun doute que les villes québécoises, à l'instar des villes américaines, soient investies de ruraux en difficulté.[37]

Ainsi, la mobilité des hommes, inhérente à toute société post-industrielle, amène-t-elle inexorablement l'entreprise publique à mettre en œuvre une politique d'aménagement du territoire. A quelles transformations ultimes les vestiges du monde rural seront-ils conviés dans cette perspective nouvelle? Aujourd'hui en pleine mutation, les populations rurales des plateaux se préparent lentement aux fonctions nouvelles commandées par la reconversion de l'économie des plateaux. Se regroupant spontanément (on observe l'abandon de rangs par déplacement des maisons rurales vers les gros villages), elles sont susceptibles de former des noyaux humains autour desquels structurer tant l'accueil de populations urbaines à la recherche de détente que l'implantation de certaines activitiés industrielles. Quant aux terroirs laurentiens, ils apparaissent susceptibles de porter ces productions agricoles minimales dont aucune région n'a intérêt à se passer. L'agriculture québécoise, bien qu'elle ne représente plus que 2 pour cent du revenu régional, reste en effet motrice d'autres activités et contribue pour environ 14 pour cent au produit régional brut. Son rôle demeure important dans la consommation où elle répond à environ 60 pour cent des besoins alimentaires.[38] Ne peut-on et ne faut-il dès lors envisager que les vieilles terres laurentiennes, les seules où l'agriculture progresse vraiment, comme on l'a fait ressortir récem-

---

37 Dans un ouvrage d'un intérêt exceptionnel *Nations and Cities* (Houghton Mifflin 1970), Lloyd Rodwin montre que la dégradation des villes centrales américaines est étroitement liée à l'absence de politiques de développement des régions en difficulté.

38 J.P. Wampach, *L'agriculture québécoise au seuil des années 1970*, publication polycopiée (Faculté d'Agriculture, Université Laval 1970).

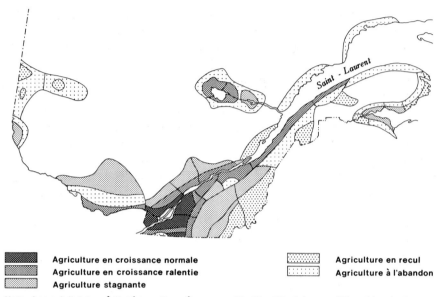

Agriculture en croissance normale          Agriculture en recul
Agriculture en croissance ralentie         Agriculture à l'abandon
Agriculture stagnante

Note: Les subdivisions à l'intérieur d'un même ensemble identifient des conditions bio-physiques
différentes

3.4

Les Zones Agricoles Homogènes du Québec, 1969

(D'après B. Dumont et A. Normandeau, op. cit.)

ment,[39] se verraient réserver des espaces à l'intérieur desquels une productivité déjà élevée continuerait de croître? (fig. 4)

Menacée dans ses meilleurs terroirs par l'urbanisation et, paradoxalement, menacée jusque dans son existence par la persistance de structures
politiques traditionnelles issues du monde rural, l'agriculture québécoise
n'aura d'avenir assuré qu'une fois acquis le principe d'une politique d'a-
ménagement du territoire.

39 A. Normandeau et B. Dumont, *L'évaluation des limitations du milieu et les
zones agricoles homogènes*, rapport dactylographié (Ministère de l'Agriculture et de
la Colonisation 1969).

# 4 L'Urbanisation

LOUIS TROTIER

Le Québec est en 1972 l'une des grandes régions d'urbanisation du Canada. Plus des trois quarts de ses habitants vivent dans les villes et Montréal, avec une population de 2.7 millions, est la plus grande agglomération urbaine du pays. La prépondérance de Montréal qui rassemble plus de la moitié de la population urbaine, l'origine rurale d'une bonne partie de cette population, les transformations rapides dans la forme et l'organisation de l'espace de la ville caractérisent le fait urbain québécois. Ces dernières années, divers auteurs ont contribué à décrire et à expliquer ces caractères : *Recherches sociographiques* (1968); Bourne et Baker (1968).

Dans ce chapitre, nous nous limiterons à l'analyse du phénomène de l'urbanisation au Québec, en examinant successivement quelles en ont été les principales phases, quelles en sont les formes actuelles et quelles sont les exigences de l'urbanisation nouvelle.

## LES TROIS PHASES DE L'URBANISATION

Etudier l'évolution de l'urbanisation du territoire québécois, c'est analyser les différentes formes d'organisation de l'espace qu'ont choisies les hommes de ce pays en vue de maximiser leurs échanges économiques et sociaux (Claval 1970). Ces formes ont varié dans le temps suivant les conditions technologiques, économiques et sociales et aussi suivant les aspirations des individus et de la collectivité. Ainsi, le Québec a été successivement un territoire largement inorganisé convergeant vers deux centres, puis un espace inégalement occupé et imparfaitement dominé par un réseau urbain mal hiérarchisé, pour enfin devenir un ensemble spatial composé d'une région centrale fortement structurée contrastant avec des régions périphériques ayant peu évolué par rapport à la phase précédente.

Des débuts de la colonisation jusque vers 1830, deux villes seulement se sont développées à l'intérieur du territoire québécois (Trotier 1968). Si cette structure bipolaire a persisté pendant deux siècles en dépit des dimensions relativement importantes de l'espace à desservir, c'est qu'une combinaison de facteurs a joué pour la maintenir. Tout d'abord la diversité des statuts et des rôles sociaux, dans cette société pré-industrielle peu nombreuse, était insuffisante pour engendrer un besoin important d'échanges entre les individus membres de la collectivité et entre les groupes; pour une bonne part, ces échanges se limitaient au cadre familial ou au voisinage. La faiblesse des moyens de transport, qui limitait les déplacements sur de longues distances à la voie d'eau, est un deuxième facteur d'explication de la répartition du peuplement jusqu'au milieu du dix-neuvième siècle, et donc de la prépondérance des deux pôles québécois et montréalais. Quant aux échanges commerciaux à l'intérieur même de la colonie, leur faible niveau s'explique par l'économie de subsistance qui caractérisait les régions rurales et par l'absence d'activités de type industriel, les produits de consommation ou d'équipement étant presque tous importés de la métropole européenne. Un nombre restreint de centres urbains suffisait donc pour favoriser les échanges typiques d'un territoire colonial, c'est-à-dire ceux qui se faisaient avec la métropole et ceux qui prenaient place au sein de l'élite locale. On comprend que Québec ait été favorisé par sa situation de port de tête d'estuaire sur toutes les autres localités du territoire de la colonie. Montréal, par ailleurs, était surtout un comptoir où l'on rassemblait les produits (fourrures, bois) que l'on expédiait ensuite à Québec en vue de les transporter vers l'Europe.

La deuxième phase de l'urbanisation du Québec, du milieu du dix-neuvième siècle au milieu du vingtième, a consisté dans la mise en place d'un réseau urbain, sous la poussée de l'industrialisation. La population urbaine passa alors, entre 1830 et 1950, d'environ 60,000 à quelque 2,700,000 de personnes, soit de 10 pour cent à 65 pour cent de la population totale (Trotier 1968). Dès le début, ce réseau s'organisa en fonction de Montréal plutôt que de Québec ou de toute autre localité. En effet, Montréal occupait au dix-neuvième siècle une situation tout-à-fait privilégiée à partir du moment où commençait à se peupler l'Ontario; d'excentrique qu'elle était jusque-là, elle était devenue le centre de la nouvelle colonie, la place par laquelle étaient expédiés les produits en provenance de toute cette région, de même que le port d'importation des produits fabriqués en Europe (Trotier 1964). Les commerçants et les financiers qui s'étaient implantés à Montréal ont accentué cette centralisation sur leur ville en jetant autour d'elle un réseau de voies ferrées en étoile, et en faisant draguer le chenal jusqu'à Montréal. Dès lors, Montréal se mit à jouer le rôle de place centrale pour l'ensemble de ce nouveau pays qu'était le Canada, tout en accentuant sa domination sur la région qui l'environnait, grâce notamment au chemin de fer qui, la rendant plus accessible, lui permettait de concurrencer victorieusement tous les autres petits centres qui auraient pu éventuellement lui porter ombrage. De plus, elle devint rapidement, surtout à partir de 1910, le pôle principal d'attraction des activités industrielles grâce à ces équipements de transporte et à sa main-d'œuvre abondante. Québec, qui se retrouvait dans une situation relativement marginale, connut au contraire, entre 1860 et 1900, une période de stagnation démographique et économique; l'évolution de la technologie de la construction navale avait en effet causé la fermeture des chantiers de construction de navires en bois. Sa fonction de capitale administrative et politique de la province, ainsi qu'un certain rôle commercial pour la région avoisinante, puis l'arrivée de quelques industries nouvelles de biens de consommation, lui permirent par la suite de continuer de se développer, mais à un rythme très lent à comparer à celui de Montréal, et cela jusqu'au milieu du vingtième siècle. Par contre, plusieurs petites villes, notamment dans la plaine de Montréal, atteintes plus tôt par le chemin de fer, attirèrent l'industrie, surtout textile, dès la deuxième moitié du dix-neuvième siècle et connurent une croissance rapide pendant quelques années (Trotier 1968). Plusieurs autres petites villes furent créées dans les régions périphériques par suite de la mise en valeur de ressources hydrauliques et forestières, ainsi que de gisements miniers, en particulier d'amiante. Ces villes devinrent pour la plupart des centres relativement spécialisés, les unes dans l'industrie manufacturière dans la région de Montréal, d'autres dans l'industrie minière ou forestière dans les régions périphériques, d'autres enfin jouant le rôle de petits centres de services pour des régions agricoles peu prospères, la seule bonne région agricole du Québec étant celle de Montréal. Jusqu'à la deuxième guerre mondiale, les surplus démographiques souvent considérables des régions rurales n'eurent pas pour résultat une croissance soutenue des populations urbaines de ces régions mais plutôt un exode rural vers les villes des Etats-Unis et de l'Ontario au dix-neuvième siècle, et vers Montréal au vingtième. Ainsi pouvait-on parler de 'Montréal et du désert québécois,' expression qui se justifiait aisément à l'examen des cartes de la répartition de la population, des implantations industrielles, des grandes institutions et de tout ce qui fait la richesse d'une région. Car si la période industrielle vit la naissance et la croissance d'un grand nombre de petites villes, en réponse aux besoins accrus d'échanges économiques, l'ensemble de ces petites villes n'a jamais pesé très lourd à côté de Montréal qui, depuis le dernier tiers du dix-neuvième siècle jusqu'à aujourd'hui, a rassemblé au moins la moitié de toute la population urbaine du Québec (Trotier 1964).

La généralisation des formes de vie urbaine fut assez tardive au Québec,

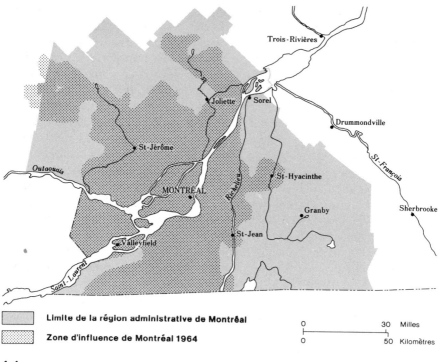

4.1

**Limites de la Région de Montréal**
(Source : Ministère de l'Industrie et du Commerce)

puisqu'elle date vraiment de la deuxième guerre mondiale seulement. La vague d'industrialisation provoquée par la guerre créa de nombreux emplois dans les villes, favorisa les brassements de population et diffusa les mentalités et les comportements de type urbain un peu partout à travers le territoire. Sous l'effet combiné de l'industrialisation, de l'évolution des moyens de transports et de communications, de l'élévation générale du niveau de vie, de l'exemple des Etats-Unis, le rythme de la croissance des villes s'accéléra considérablement entre 1941 et 1966; le taux d'accroissement de l'ensemble de la population urbaine fut de 66 pour cent mais celui de plusieurs villes, surtout les plus grosses, fut bien supérieur à la moyenne. Toutes les régions du Québec furent affectées par cette vague d'urbanisation, jusqu'au milieu des années 50. Parmi les villes qui connurent le plus fort taux de croissance, entre 1941 et 1951, on trouve Drummondville et St-Jérôme dans la région de Montréal, Shawinigan et Trois-Rivières situées à mi-chemin entre Montréal et Québec, mais aussi Chicoutimi,

Tableau 1  Population des agglomérations urbaines de
plus de 20,000 habitants, 1966 et 1961

|  |  | 1966 | 1961 |
|---|---|---|---|
| Montréal |  | 2,436,817 | 2,110,679 |
| Québec |  | 413,397 | 357,568 |
| Hull |  | 110,138 | 96,862 |
| Chicoutimi-Jonquière |  | 109,142 | 105,393 |
| Trois-Rivières |  | 94,476 | 88,350 |
| Sherbrooke |  | 79,667 | 70,253 |
| Shawinigan-Grand'Mère |  | 65,098 | 66,077 |
| Drummondville |  | 42,855 | 39,307 |
| St-Jean |  | 42,627 | 39,281 |
| St-Hyacinthe |  | 34,990 | 31,659 |
| Granby |  | 34,349 | 31,463 |
| Valleyfield |  | 34,120 | 32,372 |
| Sorel |  | 33,664 | 28,906 |
| St-Jérôme |  | 33,258 | 29,165 |
| Rouyn-Noranda |  | 30,102 | 30,193 |
| Thetford |  | 25,800 | 25,798 |
| Rimouski | environ | 25,000? | 22,443 |
| Victoriaville |  | 25,227 | 21,697 |
| Joliette | environ | 23,000? | 22,198 |
| Alma |  | 22,195 | 13,309 |

Définition de 1966
Source: BFS (1967)

Rimouski et Sept-Iles, dans des régions très périphériques. Au cours de la période 1951–6, bien que les villes les plus dynamiques avaient parfois changé, toutes les régions connurent encore une croissance urbaine importante. Au cours des deux périodes quinquennales suivantes, cependant, peu de villes, en-dehors de la région de Montréal, réussirent à maintenir un rythme de croissance égal ou supérieur à celui de la période 1951–6; parmi les villes de plus de 10,000 habitants, Québec et Sherbrooke constituèrent deux exceptions à cet égard. La région de Montréal, notamment la zone métropolitaine, semblait concentrer l'essentiel de la croissance urbaine, bien que certaines villes de la couronne montréalaise avaient ralenti leur rythme. On peut affirmer que le Québec est entré, au cours de cette période, dans une troisième phase d'urbanisation, qui se caractérise plus par des contrastes entre une région urbaine centrale et des régions périphériques que par une opposition entre milieux urbains et milieux ruraux. En effet, les dimensions démographique et spatiale atteintes par Montréal pendant les deux dernière décennies sont telles qu'elles ont amené des transformations radicales dans la région qui l'entoure. Il s'agit en fait d'une véritable mutation, une région étant en voie de devenir une ville. Aussi les caractères de l'espace et de la population de la ville régionale la distinguent-ils d'une façon de plus en plus marquée du reste de la population et du territoire québécois.

## LES FORMES ACTUELLES DE L'URBANISATION

Alors que l'ensemble du Québec, sauf la région immédiate de la ville de Québec, est encore surtout marqué par le contraste entre les espaces ruraux et forestiers et les zones urbaines, la région de Montréal, au contraire, est caractérisée par l'absence d'opposition à la ville envahissante qui s'est approprié, qui a 'urbanisé' tout le territoire, quelle que soit par ailleurs la densité du peuplement.

### La région urbaine de Montréal

Il n'est cependant pas facile de définir et de délimiter cette région centrale. En effet, elle prend peu à peu, suivant l'expression de Jean Gottman, une forme en nébuleuse aux contours vagues et imprécis. Parmi les diverses limites qui pourraient être retenues, nous choisirons celles, officielles, de la région administrative de Montréal en excluant la partie non-organisée en municipalités des comtés laurentiens (Ministère de l'Industrie et du Commerce 1967a). En gros, cette région administrative correspond à la zone d'influence immédiate de la métropole montréalaise, c'est-à-dire à la région à l'intérieur de laquelle les relations sont plus importantes et fréquentes avec Montréal qu'avec des centres concurrents, telle que définie par le Ministère de l'Industrie et du Commerce (1967b). Elle correspond également à peu près, du moins le long des grands axes de communications, à l'isochrone d'une heure à partir du centre-ville de Montréal. Depuis quelques années surtout, cette région a acquis une structure interne complexe et variée, tant au plan des densités et de l'utilisation du sol qu'à celui de l'intensité de la vie de relations.

A l'intérieur des limites d'une aussi vaste zone, dont l'unité provient de la domination par le pôle montréalais, il est évident que les densités de population varient considérablement (Trotier 1966). Les densités de plus de 1,000 habitants au mille carré, qui définissent les populations agglomérées, caractérisent presque toute l'île de Montréal, à l'exception d'étroites zones à l'intérieur de l'île qui sont d'ailleurs en voie d'occupation ou de densification rapide. De part et d'autre de l'île de Montréal, se trouvent une vingtaine d'agglomérations contiguës de population, séparées et pénétrées par des zones de peuplement dispersé. Ces zones agglomérées, étriquées et échancrées, s'étendent dans l'île Jésus, au nord de la rivière des Milles-Îles et sur la rive sud du Saint-Laurent face à Montréal. A travers l'anarchie qui semble caractériser l'urbanisation de la métropole, on peut tout de même discerner un processus contemporain d'expansion périurbaine qui rappelle paradoxalement le peuplement de la vallée du Saint-Laurent aux dix-septième et dix-huitième siècles. En effet, c'est dans une bonne mesure sur les rives des cours d'eau, Saint-Laurent, Rivière-des-Prairies, Rivière des Milles-Iles, que se concentrent d'abord les populations, souvent à partir des zones de villégiature, et que se développent les zones agglomérées qui tendent à se rejoindre. Un grand axe, orienté sud-est nord-ouest, le long des voies rapides donnant accès aux Laurentides vers le nord et à la plaine de Montréal vers le sud, contribue également à l'allure étriquée d'une partie de la zone périurbaine montréalaise. Au-delà de ce noyau central, disposés en couronnes, mais toujours le long d'axes bien définis, gravitent une dizaine de noyaux secondaires, villes souvent anciennes dont la taille varie de quelques milliers à quelques dizaines de milliers d'habitants. Leur densité, si elle n'atteint généralement pas celle du cœur de la ville de Montréal, est tout de même généralement plus élevée que celle des zones périurbaines de la rive sud ou de l'île Jésus par exemple. Les zones franchement vides de population résidente sont rares dans la plaine de Montréal ou dans les vallées laurentiennes. La plus grande partie de la région urbaine de Montréal est occupée par une population dispersée dont la densité varie remarquablement peu, se situant généralement entre 25 et 50 habitants au mille carré, si l'on exclut de ces calculs les zones boisées d'une part et les zones agglomérées d'autre part. Toutefois, certains axes de densité plus élevée, généralement entre 100 et 200 habitants au mille carré, s'individualisent nettement. Ces axes sont des prolongements des zones agglomérées et semblent préfigurer l'expansion urbaine des années à venir le long des grandes routes.

Les modes d'utilisation du sol ne sont pas moins variés que les densités. Les industries, les commerces, les institutions, les bureaux d'affaires, regroupés essentiellement à l'intérieur des zones agglomérées, occupent une faible proportion de la région urbaine; les infra-structures de transport et les affectations para-urbaines n'ont pas non plus une extension spatiale considérable. Dans cette région urbaine, paradoxalement, ce sont l'agriculture et la forêt qui occupent le plus d'espace. La forêt se limite pourtant essentiellement aux Laurentides, où seuls les vallées et les bassins sont défrichés et utilisés pour l'agriculture ou pour la récréation. Au contraire, dans la plaine, on est frappé par la très grande importance du défrichement, les rares zones boisées correspondant à des buttes aux pentes abruptes, ou à des terrasses relativement infertiles. Ce sont les grandes cultures et les

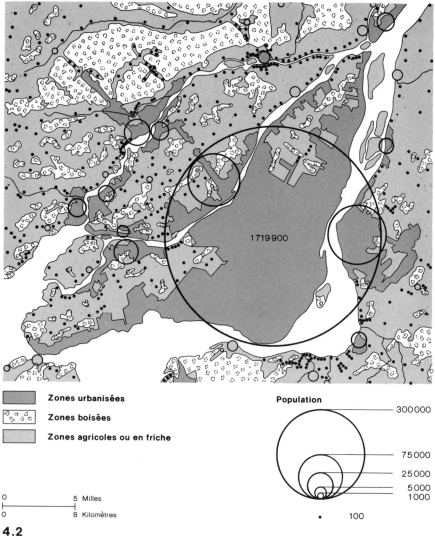

Zones urbanisées

Zones boisées

Zones agricoles ou en friche

Population

300 000

75 000

25 000

5 000
1 000

• 100

0   5 Milles
0   8 Kilomètres

**4.2**

## Extension Spatiale de l'Agglomération de Montréal 1961

(Extrait de: Louis Trotier, Répartition de la Population du Québec 1961)

pâturages qui, de très loin, occupent les plus grandes étendues dans la plaine. La répartition même des types de cultures est loin d'être uniforme en dépit de la diminution générale de l'industrie laitière. Ainsi, sur les versants des collines dites montérégiennes on trouve souvent des vergers au pied desquels s'étendent des cultures de primeurs destinées au grand marché urbain situé tout proche. D'autres cultures comme le tabac, se concentrent dans certaines zones bien définies, notamment celle de Joliette. Mais ce n'est pas tant cette concentration de cultures spéciales destinées au grand marché urbain qui caractérise ces zones rurales de la région montréalaise. Leur originalité, en effet, vient surtout du fait qu'elles sont de moins en moins rurales; leur large pénétration par les grandes infrastructures routières, l'importance de plus en plus grande de la friche, les espaces de plus en plus nombreux consacrés à la récréation nous paraissent être les traits visibles qui distinguent surtout cette région des autres espaces ruraux québécois. (Les mêmes remarques s'appliquent à la forêt laurentienne du nord de Montréal.) Ils sont en effet les indices des transformations profondes que connaît actuellement cette région à un degré égalé nulle part ailleurs dans la province.

L'ensemble de cette région pourrait en effet être comparé à un véritable champ de bataille, bataille dont sont déjà connus le vainqueur et le vaincu. Car c'est d'une véritable conquête qu'il s'agit ici, la conquête de l'espace régional par la ville. Elle prend diverses formes et se fait suivant des processus différents, selon le mode d'occupation antérieur et surtout selon la distance et l'accessibilité par rapport à Montréal. Une première couronne périurbaine, d'un rayon variable, mais généralement de quelques milles, se caractérise par l'étalement urbain. Dans certains secteurs, par exemple dans Longueuil, cet étalement se fait en nappes ou en taches d'huile, alors qu'ailleurs, comme à Ste-Thérèse, il prend plutôt la forme de rubans plus ou moins contigus. Juste au-delà de la zone qui est affectée par le 'sprawl,' bien décrit par Jean-Bernard Racine (1970), se trouve dans la plaine une deuxième zone caractérisé par la présence de la friche sociale. Contrairement aux zones de friche, d'ailleurs très importantes, que l'on trouve ailleurs au Québec, et où l'abandon de la terre agricole s'explique par la mauvaise qualité des sols ou par l'éloignement des marchés, sans oublier les mauvaises structures agraires et économiques, les zones de friche situées dans le pourtour immédiat de Montréal progressent sur des terres qui sont souvent de très bonne qualité. Cette phase de la conquête de la région rurale par la ville pourrait être qualifiée de celle de 'l'urbanisation appréhendée.' Le phénomène, aussi décrit par Jean-Bernard Racine (1970), pourrait se résumer de la façon suivante: à partir du moment où la limite de la ville est suffisamment proche, soit que le 'sprawl' l'ait fait progresser, soit que l'accessibilité ait été accrue par suite de l'implantation de voies rapides de communications, l'agriculteur perd généralement intérêt dans le travail agricole. En effet, il n'a plus de raison majeure d'investir dans son exploitation, puisque la valeur accrue qu'il pourrait retirer de ces investissements n'égalerait jamais de toute façon la plus-value causée par la proximité de la ville. L'agriculteur devient donc un spéculateur qui attend pour la vendre que la valeur de sa propriété s'élève et lui rapporte autant ou plus que les gains qu'il pourrait tirer du travail agricole. Les espaces en spéculation, qu'ils appartiennent encore à de pseudo-agriculteurs ou qu'ils soient déjà la propriété de spéculateurs montréalais, occupent des espaces très considérables dans la plaine de Montréal. Langlois (1961), il y a une dizaine d'années, avait calculé que la vague de spéculation s'étendait jusqu'à cinquante milles autour de Montréal; dans certaines zones, plus de 95 pour cent de l'espace dit agricole était en fait un espace sous spéculation. Sur la carte de l'utilisation du sol, ces espaces sont montrés soit comme des friches, soit comme des zones en cultures ou en pâturages; il ne s'agit là cependant le plus souvent que d'une utilisation provisoire, la guerre étant déjà gagnée par la ville. Les avant-postes de la conquête métropolitaine sont les anciens noyaux urbains, grands ou petits, situés dans la plaine de Montréal ou dans les Laurentides dans un rayon d'une trentaine de milles autour du noyau central. Ces villes, que l'on appelle souvent satellites, ont toutes, depuis plus ou moins longtemps, perdu une large part de leur autonomie. Certaines d'entre elles en souffrent, stérilisées qu'elles sont par une concurrence qu'elles ne peuvent soutenir de la part de la métropole, d'autres au contraire profitent de la proximité de Montréal pour attirer des implantations nouvelles; leur prospérité peut alors se manifester dans l'accroissement rapide de leur population.

La domination de Montréal sur l'ensemble de sa région ne se fait pas sentir seulement à travers les transformations qu'elle impose dans les modes d'occupation du sol et dans la densification de cet espace. L'ensemble de la région est en effet polarisé par la métropole au moyen de tout un ensemble de flux qui la traversent dans toutes les directions, presque toujours commandés par cette sorte d'échangeur que constitue le centre-ville montréalais; Montréal est la tête de tout un réseau de communications téléphoniques, télégraphiques et autres qui relient la plupart des points de cet espace à Montréal. Par ailleurs, la plupart des déplacements d'individus ou de produits se font également en provenance de Montréal vers les diverses zones de cette région ou en sens inverse vers le carrefour montréalais. C'est justement parce que l'échelle de ces déplacements a changé, par suite d'une accessibilité accrue, que la métropole ne se limite plus à une île mais s'étend sur toute cette région; plutôt que les déplacements quotidiens, ce sont maintenant les déplacements de fin de semaine qui marquent les véritables limites de la région métropolitaine.

On peut toutefois, on l'a déjà dit, distinguer à l'intérieur de la grande région métropolitaine des types de milieux différents et une structure régionale. Si l'on analyse les divers caractères de la population : scolarité, niveau de revenu, nombre d'enfants par famille par exemple, ainsi que les traits de l'utilisation du sol, on en arrive à délimiter des types de milieux que l'on pourrait classer ainsi, dans une première approximation : des vieilles villes plus ou moins satellisées, des banlieues nouvelles, d'anciennes zones de villégiature devenues zones permanentes d'habitat, des milieux ruraux plus ou moins stérilisés, des zones d'implantations nouvelles en vue de l'industrie ou des services, des zones de récréation. La structure spatiale régionale en est une à la fois en couronnes et en axes. Les axes correspondent généralement aux grandes routes : vers le nord en direction de St-Jérôme et Ste-Agathe ; vers l'est, sur la rive nord le long du Saint-Laurent. Sur la rive sud, un axe se dirige vers Sorel le long de la route du bord de l'eau, un autre, plus important, se prolonge vers l'est avant de se diviser en deux branches, l'une en direction de Saint-Hyacinthe, l'autre en direction de Chambly ; vers le sud enfin, un axe discontinu suit le Richelieu, un dernier se dirige vers Valleyfield le long du Saint-Laurent. Pour ce qui est des couronnes, elles correspondent successivement à la zone périurbaine qui prolonge immédiatement la zone de forte densité de Montréal, puis à une zone intermédiaire qui est affectée par l'urbanisation sans en présenter superficiellement les symptômes ; enfin une troisième couronne est constituée par la série des villes dites satellites qui vont depuis Valleyfield jusqu'à St-Jérôme en passant par St-Jean, Granby, Saint-Hyacinthe, Sorel et Joliette.

**Les régions périphériques**
L'évolution récente de l'urbanisation du territoire québécois, qui a fait apparaître cette distinction nouvelle entre une région urbaine centrale et des régions périphériques, n'a pas pour autant fait disparaître la réalité d'un système urbain à l'échelle du Québec. Ce système se présente comme un réseau de villes hiérarchisées quant à leur taille, plus ou moins spécialisées quant à leurs fonctions, entre lesquelles existent des rapports de domination et de complémentarité. L'organisation spatiale de ces villes a pour fondements la distance et l'accessibilité entre les divers éléments du réseau, notamment entre chacune de ces villes et la ville de Montréal qui demeure la tête du système.

A l'extérieur de la région de Montréal, l'élément le plus important du système urbain est indiscutablement la ville de Québec, dont l'agglomération atteint près de ½ million d'habitants en 1971 (Statistique Canada 1971). Le niveau suivant de la hiérarchie, sur le plan de la taille des

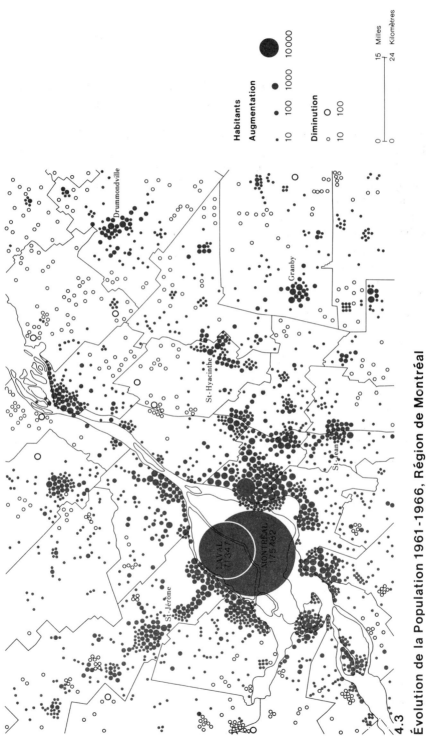

**Habitants**

**Augmentation**

10000
1000
100
10

**Diminution**

100
10

Milles
Kilomètres

15
24

# Évolution de la Population 1961-1966, Région de Montréal

(Extrait de: J. Raveneau, Évolution de la Population du Québec 1961-1966)

**4.3**

Tableau 2   Population des régions métropolitaines de recensement, 1971 et 1966

|                      | 1971      | 1966      |
|----------------------|-----------|-----------|
| Montréal             | 2,720,413 | 2,570,960 |
| Québec               | 476,232   | 435,787   |
| Hull                 | 148,440   | 130,718   |
| Chicoutimi-Jonquière | 131,924   | 132,954   |

Définitions de 1971
Source: Statistique Canada (1971)

villes, consiste en trois agglomérations urbaines: celle de Chicoutimi-Jonquière, celle de Trois-Rivières-Cap-de-la-Madeleine, et celle de Sherbrooke; ces trois unités urbaines ont chacune une taille qui varie entre 80,000 et 130,000 habitants. (L'agglomération de Hull, qui se situe aussi à ce niveau avec ses 150,000 habitants, présente un cas assez particulier, puisqu'elle n'est en réalité qu'une partie de la zone métropolitaine d'Ottawa; son rôle dans le système urbain québécois n'est donc pas en proportion de sa taille). Le niveau suivant, rassemblant les villes dont la taille se situe en 1971 entre 20 et 65,000 habitants, ne regroupe que 8 agglomérations urbaines en dehors de la région de Montréal: ce sont Shawinigan, Rouyn-Noranda, Rimouski, Baie-Comeau, Sept-Iles, Victoriaville, Thetford et Alma. Par comparaison, notons que le région centrale compte presque le même nombre d'agglomérations urbaines, soit 7, de troisième niveau (en incluant Drummondville). Enfin une dizaine de villes, à l'extérieur de la région de Montréal, possèdent une population de 10 à 20,000 habitants.

Si les plus grosses agglomérations, Québec, la conurbation du Saguenay, Trois-Rivières et Sherbrooke, possèdent des fonctions multiples, les villes dont la population varie entre 10 et 65,000 habitants paraissent au contraire relativement spécialisées. Un premier groupe est constitué de villes à fonctions régionales, dont la raison d'être est de fournir à la population de la région avoisinante les services dont elle a besoin. Certaines de ces villes ne possèdent pas de fonction industrielle notable, comme Rimouski, Rivière-du-Loup et Victoriaville; d'autres sont en même temps spécialisées dans la production du papier: Alma, Baie-Comeau-Hauterive, par exemple. Un second groupe, moins nombreux, est encore plus spécialisé que le premier, puisqu'il est constitué de villes minières dont quelques-unes seulement possèdent également une certaine fonction régionale, mais aucune une fonction industrielle; les plus importantes sont Rouyn-Noranda, Thetford, Val d'Or et Asbestos. Il est frappant de constater, dans les régions périphériques, que les agglomérations dont la spécialisation est essentiellement industrielle sont généralement demeurées petites, avec une population inférieure à 10,000 habitants, sauf les exceptions de Shawinigan, Grand'Mère et Sept-Iles. C'est donc surtout dans la région centrale que l'on trouve des agglomérations de plus de 20,000 habitants spécialisées dans la fonction manufacturière: Drummondville, Granby, Valleyfield, St-Jérôme et Sorel en sont les principaux exemples.

La répartition de la population et celle des ressources sont les deux principaux facteurs expliquant la répartition des villes dans les régions périphériques du Québec. Ainsi les villes minières, si l'on excepte les villes de l'amiante des Appalaches, se trouvent surtout dans les régions minéralisées du bouclier canadien; Murdochville, spécialisée dans l'extraction du cuivre, fait figure d'exception au centre de la péninsule de la Gaspésie. Par ailleurs, toute une série de villes s'échelonnent en bordure des Laurentides, là où les rivières franchissent de fortes dénivellations. La densité du réseau des villes spécialisées dans la fonction régionale dépend de la densité de la population elle-même (Trotier 1966); plus lâche à l'est et au nord de Québec, où la densité de la population est plus faible, le réseau de villes régionales est plus serré entre la ville de Québec et la région de Montréal. La mince bande de peuplement des Laurentides en est beaucoup moins bien pourvue que la plaine du Saint-Laurent et les Appalaches, plus densément peuplées. La localisation des petits centres de services est aussi commandée par la plus ou moins grande proximité des villes plus importantes; ainsi peu de centres régionaux ont pu se développer dans l'orbite immédiate de la ville de Québec qui leur aurait fait une concurrence trop forte; le même pattern peut s'observer dans la région de Trois-Rivières et dans celle de Sherbrooke. La distance entre ces dernières villes, de même qu'entre elles et Montréal, est bien sûr beaucoup plus grande que la distance entre les villes de niveau inférieur. En d'autres termes, la taille de la zone d'influence prédominante de chacun des centres urbains est en gros proportionnelle à la taille des centres eux-mêmes (Ministère de l'industrie et du Commerce 1967b). Il ne s'agit pas là cependant d'une règle absolue, puisque divers facteurs peuvent expliquer toutes sortes d'anomalies. Ainsi la région qui entoure Québec étant peu densément peuplée, la taille de la zone d'influence de cette ville paraît très considérable; cependant le nombre de personnes desservies paraît beaucoup plus proportionné à la dimension de la ville elle-même. La même remarque est valable pour des villes comme Rimouski et St-Georges. A l'inverse, la zone d'influence de Trois-Rivières paraît anormalement petite pour une ville de cette dimension, ce qui s'explique par la situation même de la

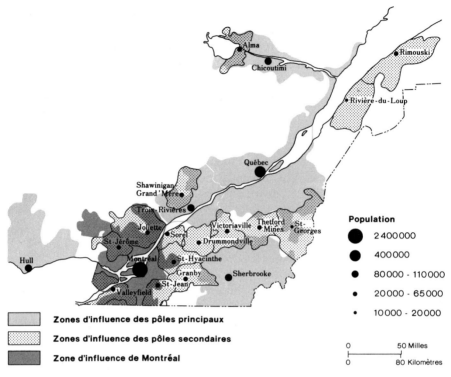

**4.4**

**Zones d'Influence des Pôles d'Attraction Principaux et Secondaires 1961-1964**

(Source: Ministère de l'Industrie et du Commerce)

ville, coincée en quelque sorte entre le fleuve, qu'on ne pouvait pas jusqu'à récemment franchir par un pont, et Montréal, Shawinigan, et Québec, qui toutes, d'une façon ou d'une autre, lui font concurrence.

Outre ces relations de concurrence, il existe également des relations de domination entre les villes du système québécois. Il faut distinguer divers niveaux d'activité et de spécialisation, si l'on veut bien comprendre ces relations. Ainsi, dans beaucoup de domaines, on peut dire que toutes les villes du système québécois sont dominées par Montréal; en effet, elles doivent passer par elle pour toute une gamme de produits et de services; c'est là qu'on trouve les sièges sociaux de la plupart des grandes entreprises, c'est là qu'on trouve également l'unique aéroport international, ainsi que beaucoup de services très spécialisés. Au plan politique et administratif, toutefois, c'est plutôt Québec, capitale de la province, qui agit comme tête de l'ensemble du système québécois. A un palier d'activités un peu moins spécialisées, Montréal et Québec se trouvent seules en concurrence l'une avec l'autre. Aussi le système urbain se subdivise-t-il en deux sous-systèmes, axés sur chacune de ces deux villes, qui toutes deux possèdent un grand port, des universités complètes, des laboratoires de recherches et des bureaux d'études, des services médicaux ou autres à haut degré de spécialisation. A un niveau encore inférieur, la conurbation du Saguenay, Trois-Rivières et Sherbrooke entrent dans le circuit et deviennent elles-mêmes non plus dominées mais concurrentes des villes plus importantes au niveau de leur région respective; et ainsi de suite jusqu'au niveau le plus bas de la hiérachie.

Ce réseau demeure cependant imparfaitement hiérarchisé, puisque dans un nombre de domaines relativement importants, chacun des petits villes semble pouvoir établir des relations directes avec la métropole; la même observation vaut pour le plan administratif où les relations directes avec la ville de Québec demeurent très fréquentes. Autrement dit, les villes de taille moyenne sont loin de toujours jouer le rôle de relais, qu'on leur croirait essentiel, entre les villes du niveau supérieur et celles du niveau qui leur est inférieur. Cette tendance semble s'accentuer au fur et à mesure que le réseau des voies de communications, notamment celui des routes, s'améliore et rend ainsi plus accessible la ville plus importante à la population dispersée ou à celles qui vit dans les petites villes. Deux études récentes, l'une sur les flux téléphoniques (J.W. Simmons 1970) et l'autre sur les déplacements de la population (B. Robert 1972?), démontrent cette domination directe de Montréal, non seulement sur sa région, mais sur tout le Québec (et même sur la région d'Ottawa, pour les liaisons téléphoniques). Le manque de hiérarchisation du système urbain apparaît d'abord dans le fait que, pour toutes les villes importantes au sud et à l'ouest de la ville de Québec, sauf trois exceptions, Montréal est le centre à qui sont destinées le plus grand nombre de communications téléphoniques dites d'affaires (les exceptions sont Thetford, qui lance un plus grand nombre de communications vers Québec; Shawinigan, vers Trois-Rivières; et Lac Mégantic, vers Sherbrooke). Il apparaît tout autant lorsque l'on analyse les déplacement de population:

L'examen des déplacements géographiques des effectifs de la population fiscale a rendu compte de la place privilégiée de la région de Montréal dans le champ migratoire de la Province de Québec dont il n'est pas exagéré de dire qu'elle domine et contrôle l'ensemble du réseau migratoire provincial. Son influence déterminante s'exerce à un double niveau: celui des relations extérieures et celui des échanges internes.

Au niveau des échanges avec l'extérieur, la région de Montréal fournit et reçoit l'essentiel des mouvements en provenance ou à destination de la Province, exerçant en quelque sorte la fonction d'intermédiaire entre le reste de la province et l'extérieur. En particulier, elle a fourni à l'extérieur durant l'année fiscale 1965–66, autant de déclarants qu'elle en a reçu du reste de la Province, jouant ainsi un rôle de relais dans l'itinéraire migratoire et constituant une plate-forme pour les mouvements à destination extra-provinciale.

Au niveau des échanges avec le reste de la Province, la région de Montréal exerce presque toujours un rôle déterminant et, fait à signaler, son emprise sur les autres régions s'exerce à la fois sur les départs et sur les arrivées puisque, dans cinq régions, elle fournit la majorité des arrivées en provenance du reste de la Province, la région de Montréal constituant ainsi un foyer particulièrement actif de redistribution spatiale de la population. Enfin, la dualité entre les agglomérations de Montréal et de Québec n'est qu'apparente et ne s'exerce réellement que sur l'environnement démographique immédiat de la seconde: son hinterland régional. (B. Robert, 1972?)

La ville de Québec est la seule agglomération, en dehors de la région centrale, qui possède des caractères métropolitains: fort taux d'accroissement, fonctions multiples dont certaines très spécialisées, existence d'une zone périphérique en mutation. On n'y trouve toutefois pas la diversité ethnique et culturelle typiquement métropolitaine; au contraire, sa population est remarquablement homogène pour une ville de près de ½ million d'habitants: environ 95 pour cent de ses habitants sont d'origine française et de religion catholique. La part de l'accroissement de la population de Québec qui ne provient pas de l'accroissement naturel est assez faible; on observe toutefois un courant d'immigration en provenance de la région immédiate de Québec surtout, mais aussi des régions de l'Est du Québec: Gaspésie et Bas-Saint-Laurent ainsi que Saguenay et Lac-Saint-Jean. La population de Québec s'est quand même accrue d'une façon assez impressionnante depuis une dizaine d'années. Alors qu'entre 1961 et 1966 la population s'accroissait de 15 pour cent, ce qui était exactement le taux de l'accroissement de la population de l'agglomération de Montréal, ce taux pour la population québécoise (zone métropolitaine de recensement) s'est chiffré à environ 9 pour cent entre 1966 et 1971, contre moins de 6 pour cent pour la zone métropolitaine de recensement de Montréal durant la même période. Ce nouvel essor de Québec s'explique sans doute par deux facteurs principaux: d'une part, l'importance de ses activités tertiaires et quaternaires, notamment l'administration gouvernementale, l'éducation et la santé, qui sont les branches de l'économie qui se développent le plus rapidement au Québec comme ailleurs; d'autre part, le développement du port, dont la situation à la tête de l'estuaire redevient favorable, par suite de l'accroissement de la taille des navires et des modes nouveaux d'intégration des transports (containers). C'est donc à la fois l'évolution technologique et l'importance croissante du rôle du gouvernement dans la vie économique et sociale qui favorisent surtout Québec depuis le début de ce que l'on appelle la 'révolution tranquille' il y a une douzaine d'années. Aussi a-t-on vu, depuis 1960, la construction de routes, d'un nouveau pont sur le Saint-Laurent et d'une cité parlementtaire, la restauration et la rénovation des quartiers historiques, le réaménagement des rives de la Saint-Charles, l'aménagement de nouvelles zones portuaires, ainsi que l'implantation de certaines industries, dont une raffinerie sur la rive sud du fleuve en face de Québec. Toutefois, l'essor industriel n'a pas suivi celui du secteur tertiaire et celui des infrastructures; les arrivées de nouvelles industries ou les additions à des industries déjà existantes ont été à peu près compensées par les départs ou par les réductions de personnel par suite de l'automatisation. Cela n'empêche pas Québec de demeurer le deuxième centre industriel de la province, avec environ 25,000 employés dans l'industrie manufacturière (J. Girard 1970). Cet essor démographique et économique a eu pour conséquences des transformations profondes dans l'espace urbain de Québec.

Cet espace urbain s'est considérablement agrandi, le long de certains axes: vers l'ouest, sur la colline de Québec maintenant presque entièrement occupée de façon contiguë par les divers quartiers résidentiels ou les institutions; vers le nord, en direction de Charlesbourg et au-delà, le long de l'axe du boulevard Laurentien et de la route qui mène vers le Saguenay; vers l'est, enfin, en direction de la côte de Beaupré où les anciens noyaux de Beauport, Giffard, Montmorency ont été englobés dans la zone métropolitaine. La vallée de la Saint-Charles, avec ses nouvelles voies rapides, a canalisé le développement des industries, des établissements de gros et des entrepôts. Sur la rive sud du Saint-Laurent, c'est surtout dans la zone de Saint-Romuald d'une part, et dans celle de Lauzon d'autre part, que l'urbanisation a transformé d'anciens paysages ruraux et petits noyaux villageois ou urbains. Les lotissements récents, tantôt constitués de pavillons unifamiliaux, tantôt composés de maisons d'appartements, constituent en périphérie de Québec un paysage moderne mais peu original qui contraste vivement avec les quartiers plus anciens de la ville haute ou de la ville basse et surtout avec les quartiers historiques à l'intérieur des vieux murs. Mais ces quartiers centraux, nous l'avons déjà signalé, ont subi et subissent encore des transformations importantes, percés qu'ils sont par de nouveaux grands boulevards ou autoroutes, rénovés grâce à la construction de maisons d'appartements à loyers modiques ou autres, et d'institutions publiques ou privées. Les années 60 auront marqué à Québec le début de la construction des édifices

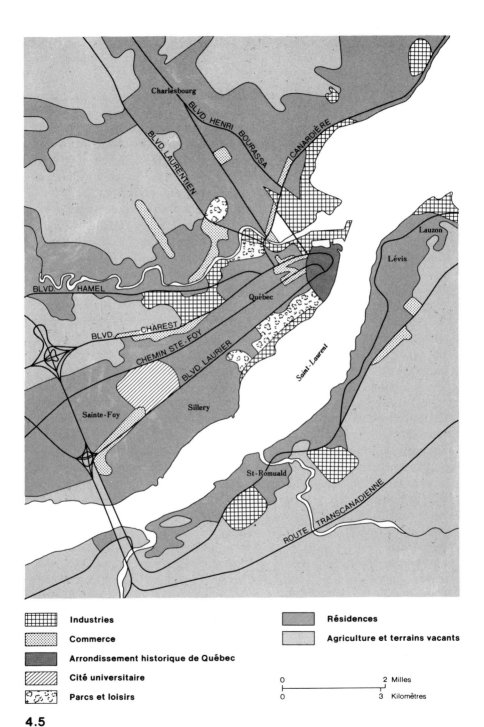

**4.5**

**Utilisation du Sol dans l'Agglomération de Québec**

(D'après Atlas Larousse Canadien)

Légende :

- Industries
- Commerce
- Arrondissement historique de Québec
- Cité universitaire
- Parcs et loisirs
- Résidences
- Agriculture et terrains vacants

0    2 Milles
0    3 Kilomètres

en hauteur. Enfin, en plus de cette modernisation de quartiers datant du début du vingtième ou de la fin du dix-neuvième siècle, et de cette extension de nouveaux lotissements en zones périurbaines, on a entrepris la rénovation des quartiers les plus anciens qui remontent au dix-septième et au dix-huitième siècles et à la première moitié du dix-neuvième siècle, en vue de leur donner une plus grande authenticité. Ainsi Québec, au début des années 70, est en pleine transformation et donne l'impression d'une vieille ville qui retrouve une nouvelle jeunesse tout en restant fidèle à son passé.

Pour la plupart des villes périphériques du Québec, à l'exception de celles qui sont situées sur la Côte-Nord, qui elles sont en plein essor par suite de la mise en valeur récente de puissantes ressources naturelles, la situation est généralement beaucoup plus déprimante. Les villes de la Gaspésie, du Saguenay-Lac-Saint-Jean, de l'Abitibi, mais aussi celles de la Mauricie et même celles des Cantons de l'Est se caractérisent par un développement très lent qui contraste fortement avec le développement des agglomérations québécoise et montréalaise. Contrairement aux petites villes de la région centrale, qui peuvent espérer connaître un regain de vie à mesure qu'elles sont attirées de plus en plus dans l'orbite montréalaise, ces villes petites et moyennes des régions périphériques semblent destinées à stagner pendant une période encore assez longue. En effet, ou bien il s'agit de villes minières qui voient s'épuiser de plus en plus les ressources qui assurent leur survie, en Abitibi par exemple, ou bien il s'agit de centres régionaux qui voient la population qu'ils desservent stagner ou même diminuer. Ces régions sont en effet généralement pourvues d'une agriculture déclinante et possèdent peu de ressources qui pourraient laisser espérer une vocation nouvelle. Aussi la population émigre-t-elle vers la métropole, secondairement vers la ville de Québec, plutôt que vers ces petits centres, rendant ainsi leur situation de plus en plus précaire. Certaines implantations nouvelles, surtout publiques, par exemple les nouveaux campus de l'Université du Québec à Chicoutimi, à Trois-Rivières, et à Rimouski ou celles de nouveaux collèges pré-universitaires ou professionnels, ou encore l'implantation de services de santé ou de bien-être social, n'ont pas suffi à animer ces petites et moyennes villes et apparaissent souvent bien superficielles. Leur éloignement des marchés, leur petite taille même, jouent contre elles: aussi les chances de chacune sont-elles inégales suivant qu'elles sont situées dans une région franchement très périphérique ou au contraire dans une région qui peut espérer tomber dans l'orbite de la grande région centrale ou du moins dans celle de Québec d'ici à quelques années ou à quelques décennies.

## LES EXIGENCES DE L'URBANISATION NOUVELLE

A l'urbanisation nouvelle correspond un nouvel urbanisme répondant à un nouveau mode de vie urbain, surtout dans la région urbaine de Montréal, mais aussi à Québec et même dans les villes plus petites. L'homme urbain d'aujourd'hui a des besoins accrus de communiquer, d'échanger et de circuler, mais il cherche aussi de plus en plus à améliorer la qualité de son environnement et à accroître son pouvoir de contrôle sur les décisions qui l'affectent.

La très grande intensification de la vie de relations au Québec s'est d'abord traduite, au cours des années 60, par l'implantation dans la région centrale de Montréal d'un réseau de voies de circulation rapide et qui jette quelques tentacules jusque dans certaines régions périphériques du Québec. Les principaux éléments de ce réseau autoroutier sont l'autoroute 20, qui relie la métropole à la ville de Québec par la rive sud et qui se poursuit maintenant à l'ouest de Montréal et à l'est de Québec; l'autoroute des Cantons de l'Est, qui relie cette région à Montréal; l'autoroute des Laurentides, qui donne accès aux Montréalais à leur grand terrain de récréation privilégié, les Laurentides du Nord du Montréal; l'autoroute 40, construite de Montréal jusqu'à Berthier, avec un embranchement vers Joliette, et qui sera prolongée dès cettte année en direction de Trois-Rivières, plus tard jusqu'à Québec. Toujours afin d'intensifier les échanges à travers le territoire québécois, plusieurs ponts ont été jetés au travers de ce grand obstacle à la circulation nord-sud que constitue le Saint-Laurent: deux dans la région de Montréal, le pont Champlain et le pont-tunnel de Boucherville; le nouveau pont Pierre-Laporte à Québec; et la premier pont à franchir le Saint-Laurent entre Québec et Montréal, celui de Trois-Rivières. Non contents de s'être donnés, en une douzaine d'années, un réseau d'autoroutes d'une longueur totale d'environ 400 milles, les Québécois ont aussi considérablement amélioré le réseau routier déjà existant et ont construit plusieurs dizaines de milles de routes nouvelles à deux ou à quatre voies. On a également favorisé la circulation à l'intérieur même des agglomérations montréalaise et québécoise, qui ont été percées et entourées par de nombreuses autoroutes. Parmi les réalisations les plus importantes, citons à Montréal l'autoroute Décarie, l'autoroute Bonaventure et le Boulevard Métropolitain; la ville de Québec est actuellement à se donner un réseau semblable, toutes proportions gardées, dont les principaux éléments seront l'autoroute de la capitale et l'autoroute Dufferin. L'extension de plus en plus considérable dans l'espace de l'agglomération montréalaise, avec son pendant, la croissance spectaculaire du

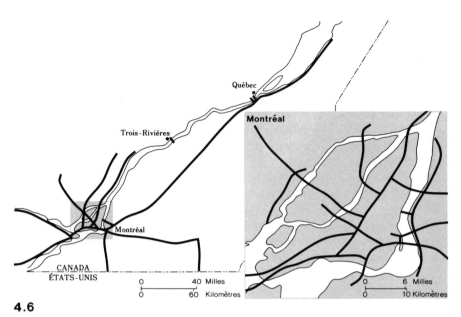

Québec

Trois-Rivières

Montréal

Montréal

CANADA
ÉTATS-UNIS

0    40 Milles
0    60 Kilomètres

0    6 Milles
0    10 Kilomètres

**4.6**

**Réseau des Autoroutes**

centre-ville, ont cependant rendu insuffisantes toutes ces implantations en vue de la circulation automobile; aussi a-t-on jeté au cours des années 60 les premières lignes d'un métro, lignes qui seront poursuivies et auxquelles on en ajoutera d'autres au cours des années 70. Enfin, la nécessité de liaisons rapides entre Montréal et d'autres grandes métropoles internationales a amené la décision de créer un nouvel aéroport international, l'aéroport actuel ne suffisant plus aux besoins et étant situé trop à l'intérieur du tissu urbain. Ce nouvel aéroport, localisé à une distance de 35 milles du centre-ville, y sera relié, ainsi qu'à l'aéroport actuel de Dorval, par un système de transport en surface rapide qui reste à déterminer. Par ailleurs, l'on a décidé, au moins à titre expérimental, de relier le centre-ville de Montréal directement au centre-ville d'Ottawa, et plus tard à d'autres centres-villes, au moyen d'avions à atterrissage et décollage courts; cet aéroport spécialisé sera situé sur des terrains actuellement aménagés en parcs de stationnement tout près du centre-ville de Montréal.

L'apparition, depuis une quinzaine d'années surtout, de toute une gamme de lieux spécialisés, dont la fonction est de favoriser les rencontres et l'interaction sur une vaste échelle, a permis dans une certaine mesure de résoudre les contradictions entre la nécessité croissante d'échanges économiques et sociaux et les contraintes posées par les distances dans un espace urbain toujours plus vaste. L'essor spectaculaire du centre-ville de Montréal en est sans doute la meilleure démonstration; les gratte-ciel, comme l'a montré J. Gottman, sont en effet la forme spatiale la plus efficace en vue de favoriser les rencontres face à face encore si nécessaires dans le monde des affaires. A l'intérieur du centre-ville, des formes nouvelles comme la Place Bonaventure, centre de congrès et d'expositions permanentes ou occasionnelles, répondent à ce même besoin d'intensification des échanges. Les galeries de boutiques souterraines, construites sous les gratte-ciel de Montréal et auxquelles on reconnaît une si grande originalité, ont été créées non pas tellement en réaction aux conditions climatiques difficiles qu'en réponse à des besoins nouveaux. En effet, la concentration dans le centre-ville des édifices à bureaux a pour effet de faire disparaître progressivement les activités commerciales. On remplace donc les structures commerciales linéaires construites en fonction de l'automobile par une structure nucléaire conçue pour les piétons qui proviennent soit des édifices à bureaux construits juste au-dessus, soit des bouches du métro avec lesquelles ces galeries de boutiques sont reliées, soit des parkings souterrains connexes. Par ailleurs, les très nombreux centres-d'achats suburbains et périurbains qui ont poussé à travers toute la région métropolitaine de Montréal, surtout sur les deux îles principales, et que l'on retrouve également dans l'agglomération de la ville de Québec, sont une autre résultante de cette urbanisation nouvelle qui a obligé à déconcentrer les activités commerciales et de services à l'intérieur des grandes zones urbaines. L'Expo 67, à Montréal, est le symbole même de ce type de lieu où l'interaction sociale sous des formes variées a atteint une grande intensité; il est d'ailleurs significatif que l'Expo 67, conçue pour donner aux montréalais et à tous les québécois une ouverture sur le monde, ait acquis un caractère de permanence, sous le nom de Terre des Hommes.

La qualité de la vie dans les villes québécoises, surtout dans les grandes agglomérations urbaines de Montréal et de Québec, a été profondément affectée par les transformations nombreuses dont elles ont été l'objet. L'extension considérable de ces villes dans l'espace a par exemple accentué la spécialisation des divers quartiers; un résultat de ce processus a été d'augmenter les distances moyennes entre résidences et lieux de travail. En dépit des réseaux d'autoroutes qui ont été créés depuis quelques années, on peut penser que cela occasionne beaucoup d'inconvénients pour une bonne partie de la population laborieuse. Parallèlement à l'extension de l'habitat périurbain, toutefois, il faut noter la déconcentration des industries manufacturières et des centres commerciaux vers la périphérie. On peut penser que ce déferlement pavillonnaire en banlieue, typique des grandes villes nord-américaines, tire peut-être à sa fin. Les statistiques de construction des logements nouveaux au cours des dernières années montrent en effet une diminution importante de la part de la maison unifamiliale, alors que la part de l'habitation collective s'accroît proportionnellement (J.B. Racine 1970). Il n'est donc pas impossible qu'à la phase de l'étalement urbain qu'ont connue nos grandes villes, depuis la fin de la guerre, succèdera une phase nouvelle de densification. La progression périurbaine de la ville se ferait désormais avec une densité beaucoup plus forte, d'une part, et d'autre part, une bonne partie des habitations nouvelles seraient construites en remplacement d'un habitat ancien ou même dégradé dans les parties centrales des agglomérations. Il ne s'agirait là d'ailleurs que de l'accentuation d'une tendance que l'on peut déjà observer depuis quelques années. Les distances trop grandes, l'anarchie et le manque de vie communautaire dans les quartiers périurbains, mais surtout l'accroissement des coûts de construction, seraient les principaux facteurs derrière cette évolution. Il n'y a là, disons-le en passant, rien de contradictoire avec la notion d'une région urbaine s'étendant dans un rayon de peut-être 50 milles. Comme on l'a vu, la région urbaine ne doit pas être considérée comme une immense nappe d'habitat à faible densité égale dans tout l'espace occupé mais plutôt comme une région unifiée par des flux où les densités demeurent très variées.

Un deuxième grand processus qui est en voie de changer la qualité de l'environnement urbain est celui de la rénovation des vieux quartiers. Au fur et à mesure, en effet, que les industries, les entrepôts, les commerces de gros quittent le cœur des villes ou les axes qui y pénètrent pour se reloger dans la périphérie ou dans les villes situées à plusieurs milles de Montréal dans la grande région urbaine, les espaces ainsi libérés peuvent être réaménagés à d'autres fins. De même, la démolition d'institutions publiques ou privées qui ne sont plus adaptées aux besoins modernes et, surtout, celle de vieux quartiers résidentiels à densité plus ou moins faible laissent disponibles des espaces considérables qui peuvent être utilisés pour modifier la structure, la trame même de la ville. Ce processus, il faut l'avouer, n'est pas encore très avancé. A vrai dire, on a surtout mis l'accent jusqu'à maintenant sur l'implantation d'institutions nouvelles, universités, collèges, hôpitaux, foyers pour vieux, habitations à loyers modiques; cependant certains quartiers sont déjà en voie d'être reconstruits dans Montréal et même dans Québec, afin d'en faire des milieux de vie plus agréables. La rénovation des quartiers historiques (Montréal en possède un et Québec également), va bon train et elle peut être un facteur important dans l'amélioration de la qualité de l'environnement urbain, non seulement au niveau du quartier, mais au niveau de l'ensemble de l'agglomération. Ces quartiers peuvent jouer un rôle dans le développement de la vie communautaire des habitants de la ville, qui y trouveront l'occasion de s'émerveiller et d'occuper leurs loisirs dans un cadre charmant. La multiplication des parcs et des espaces verts, des équipements culturels et sportifs correspond également à des besoins fondamentaux de l'homme dans la ville post-industrielle. A ces points de vue, Montréal, et Québec dans une moindre mesure, ont fait des progrès considérables depuis quelques années. Signalons par exemple, la création de la Place des Arts de Montréal et celle du Grand Théâtre de Québec, celle du Parc de Terre des Hommes, ou la construction prochaine d'équipements en vue des prochains Jeux Olympiques qui auront lieu à Montréal en 1976. Les loisirs de l'homme de la société post-industrielle sont loin de se limiter à l'environnement urbain lui-même, cependant. On a déjà vu que l'un des critères de délimitation de la grande région urbaine nouvelle, c'est justement le rayon des déplacements de fin de semaine de ses habitants. On est d'ailleurs frappé, en regardant les cartes d'utilisation du sol dans les grandes régions qui s'étendent autour de Montréal et de Québec, par l'importance de plus en plus grande qu'y tiennent les zones dites de récréation: plages, zones de résidences secondaires, installations pour les activités nautiques, stations de ski, etc. Cette tendance qui se poursuivra sûrement de façon accélérée dans les prochaines années est déjà la cause de conflits de plus en plus nombreux avec les autres types d'occupation du sol, notamment l'agriculture et la forêt; la solution de ces conflits n'est pas le moindre problème des années à venir.

Enfin, une autre conséquence de l'urbanisation nouvelle, de cette métropolisation de plus en plus marquée, c'est le désir de participation de la population aux décisions qui l'affectent. En vue de garder à la ville une échelle humaine, on a multiplié depuis quelques années, surtout à Montréal, les mouvements de participation, syndicats et associations de toutes sortes, à caractère politique ou privé, dont un excellent exemple est constitué par les comités de citoyens dans les milieux défavorisés. L'éducation nouvelle est à la fois un effet et une cause de cette transformation des formes urbaines, et elle le deviendra de plus en plus sans doute. La démocratisation de l'enseignement et la taille de plus en plus grande des institutions d'enseignement ont accentué le désir de participation, tout en rendant mieux informés qu'autrefois un nombre beaucoup plus grand de citoyens. La télévision, qui atteint presque tous les foyers, a eu elle aussi sur ce plan un rôle non négligeable au cours des années 60. L'université elle-même est envahie par la ville et devra sans doute, comme c'est déjà commencé à Montréal, devenir l'université dans la ville. L'Université Sir

Georges Williams et l'Université du Québec à Montréal préfigurent peut-être les universités urbaines de l'avenir, avec une très forte proportion de leur clientèle constituée d'étudiants 'à temps partiel,' des adultes pour la plupart.

Le gouvernement et l'administration urbaine ont subi des changements extrêmement importants, par suite de cette forme nouvelle d'urbanisation que le Québec a connue depuis quelques années. La fragmentation du territoire urbanisé, notamment à Montréal et à Québec, entre une multitude de gouvernements municipaux différents, ainsi qu'entre de multiples administrations scolaires et autres, a engendré des tensions et des conflits très graves. Aussi les gouvernements supérieurs ont-ils dû mettre en place des structures de coordination comme les communautés urbaines à Québec et à Montréal, et de nombreuses municipalités, par des accords bilatéraux, sont-elles en voie de fusion ou d'annexion. S'il est impossible actuellement de prédire quelle sera la structure gouvernementale et administrative de nos grands ensembles urbains dans quelques années, on peut cependant être sûr qu'elles ne ressembleront en rien aux structures que nous avions il y a quelques années encore. Ces structures nouvelles sont d'autant plus nécessaires qu'il faudra indiscutablement d'ici peu, concevoir, puis entreprendre d'exécuter une politique globale d'aménagement du territoire québécoise, ce qui présuppose une politique d'urbanisation.

## Bibliographie

B.F.S., 1966   Recensement du Canada 1966, I (1–7).

Bourne, L.S. et A.M. Baker, 1968   *Urban development, Ontario and Quebec: Outline and Overview.* Research Report no 1, Centre for Urban and Community Studies, University of Toronto

Claval, Paul, 1970   La Géographie urbaine, *La Revue de géographie de Montréal*, XXIV, 2: 117–41

Girard, Jacques, 1970   *Géographie de l'industrie manufacturière du Québec* (Ministère de l'Industrie et du Commerce du Québec), 2 volumes

Langlois, Claude, 1961   Problems of Urban Growth in Greater Montreal, *Le Géographe Canadien*, V, 3: 1–11

Ministère de l'Industrie et du Commerce du Québec, 1967a   *Division du Québec en dix régions et vingt-cinq sous-régions administratives* (Québec), 38 pages, 1 carte hors-texte

— 1967b   *Les pôles d'attraction et leurs zones d'influence* (Québec)

Racine, Jean-Bernard, 1970   L'évolution récente du phénomène périurbain nord-américain. *Revue de Géographie de Montréal*, XXIV, 1, 2

*Recherches sociographiques*, 1968   Numéro spécial sur L'urbanisation de la société canadienne-française, IX, 1–2, 209 pages

Robert, Bernard, 1972?   *Eléments pour l'étude des déplacements géographiques de la population québécoise: l'exemple de la population fiscale.* Division de la démographie, Bureau de la statistique du Québec, 31 pages, cartes

Simmons, James W., 1970   *Patterns of interaction within Ontario and Quebec.* Research Paper No. 41. University of Toronto, Centre for Urban and Community Studies, 53 pages

Statistique Canada, 1971   *Bulletin provisoire, Recensement du Canada 1971*, 1, 2, 3, 4, 5

Trotier, Louis, 1964   Caractères de l'organisation urbaine de la Province de Québec, *Revue de Géographie de Montréal*, XVIII, 2: 279–85

— 1966   *Carte de la répartition de la population du Québec en 1961.* Conseil d'Orientation Economique du Québec, 4 feuilles

— 1968   La genèse du réseau urbain du Québec, *Recherches Sociographiques*, IX, 1, 2, pp. 23–32

# 5 Biogéographie dynamique du Québec

PIERRE DANSEREAU

## INTRODUCTION

Une analyse de la biogéographie dynamique du Québec repose nécessaire-ment sur un fond écologique, sur un appréhension du milieu géographique avec tout ce qu'il contient. C'est donc une condition préalable à l'évalua-tion de l'impact humain que de situer les unes par rapport aux autres les forces qui animent le paysage où l'homme est intervenu.

Les inventaires, si objectifs soient-ils, doivent être encadrés et, autant que possible, entrepris dans une perspective écologique. La lecture du paysage révèle la présence des ressources, des agents, des processus et des produits qu'il est utile de placer dans un schéma dynamique avant de faire enquête sur leurs qualité, quantité, accessibilité et renouvelabilité.

Je tenterai d'abord de dresser un tel arrière-plan en le présentant comme cadre pour les inventaires d'une part et comme modèle probable pour les aménagements d'autre part. Ce même schéma pourra ensuite s'appliquer successivement aux paysages naturels du Québec et aux trans-formations que les populations humaines leur ont impliquées. Ce genre d'analyse me semble favorable à la préparation d'une sorte de bilan des ressources, lui-même préalable à un quelconque projet pour un nouvel équilibre.

## LES PARAMETRES DU POTENTIEL ECOLOGIQUE

Il est indispensable de reprendre ici la notion d'écosystème dans ce qu'elle a de plus fondamental. Je m'en tiens à la définition que je formulais en 1967: 'L'écosystème est un mileu plus ou moins fermé où les ressources du site sont transformées par une biomasse de populations de plantes et d'animaux associées dans des processus mutuellement compatibles.' J'ai, depuis lors, fait de nombreuses applications de ce concept et proposé un schéma (fig. 1) qui a servi d'arrière-plan à divers projets de recherches.

Pour donner, au départ, un sens très concret à la définition qui précède,

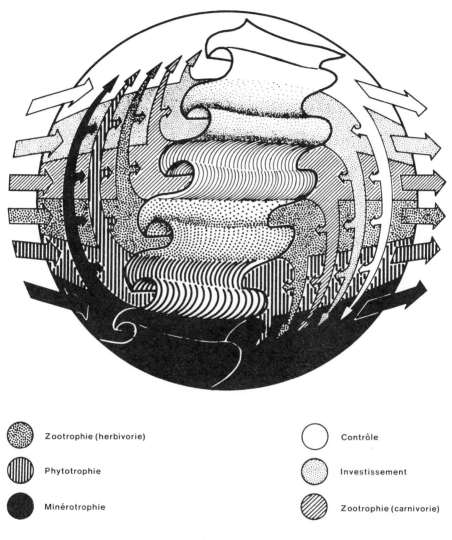

| | |
|---|---|
| Zootrophie (herbivorie) | Contrôle |
| Phytotrophie | Investissement |
| Minérotrophie | Zootrophie (carnivorie) |

5.1

## L'Écosystème qui Distingue Six Niveaux Trophiques

et au schéma qui suit, je l'appliquerai à une érablière laurentienne de la Plaine de Montréal. La figure 2 montre le profil d'une telle érablière avec son sol, son espace aérien, ses biomasses végétale et animale. Je l'appliquerai également à un lac barré par des castors dans les Cantons de l'Est (fig. 3).

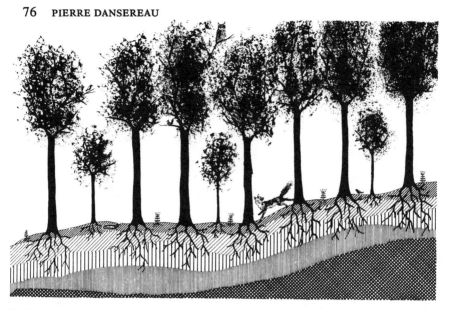

**5.2**
**Une Érablière dans la Région de Montréal**

**5.3**
**Un Lac-aux-Castors dans les Cantons de l'Est**

L'anatomie et la physiologie de l'écosystème peuvent se réduire aux éléments suivants. La structure de l'écosystème comprend des *ressources* et des *agents*. Le cyclage des ressources par les agents s'accomplit grâce à des *processus* qui engendrent des *produits*, dont chacun est caractéristique d'un *niveau trophique*, lequel comporte un *régime* qui lui est propre. On reconnaîtra, ainsi qu'il est proposé à la Figure 1, six niveaux trophiques où prévaut, respectivement, le régime de: 1 la *minérotrophie*; 2 la *phytotrophie*; 3 la *zootrophie-phytophagie*; 4 *la zootrophie-carnivorie*; 5 l'*investissement*; et 6 le *contrôle*. La figure 1 fait voir les nombreux circuits possibles, soit un large courant vertical partant de la base minérale et empruntant les relais successifs de la transformation du minéral en végétal, du végétal en animal, de l'animal herbivore en animal carnivore, de l'investissement et du contrôle. Il est, d'autre part, indiqué (flèches intérieures à la sphère, à gauche) que chacun des niveaux (par exemple le minérotrophique) peut offrir directement ses ressources non seulement au niveau immédiatement au-dessus, mais aussi à tous les niveaux supérieurs. Ainsi, les animaux carnivores (niveau 4) doivent utiliser des éléments minéraux (niveau 1), comme l'air, l'eau, le sol, auxquels ils ont un accès direct.

Le mouvement inverse (à l'intérieur de la sphère, à droite) montre l'impact, en quelque sorte descendant, des niveaux trophiques les uns sur les autres. Soit, par exemple, de 6 à 1, l'exploitation d'une mine, ou de 4 à 1, l'enrichissement du sol par les excréments des animaux carnivores.

Or, la définition de l'écosystème disait bien 'un milieu *plus ou moins fermé* ...' C'est donc par sa relative autonomie (ou autarcie) qu'un écosystème se distinguera d'un autre. Par conséquent, dans la figure 1, les flèches qui pénètrent dans la sphère à gauche représentent les *ressources* venues d'autres écosystèmes (importation, input); et celles qui s'en échappent, à droite, les *produits* transférés à d'autres écosystèmes (exportation, output).

En appliquant ce schéma aux figures 2 et 3, nous pouvons reprendre les composantes de l'écosystème en les identifiant dans des milieux bien précis.

Ce qui a attiré l'attention des écologistes, ce sont d'abord les *agents*. On a traditionnellement défini les milieux par la composition floristique et faunistique des populations qui les habitaient. On ferait, sur le terrain représenté aux figures 2 et 3, des listes assez longues (et éventuellement très complètes) de plantes et d'animaux. Dans les profils que nous avons sous les yeux, on n'a guère pu montrer que ceux qui s'imposent à la vue et qui exercent une certaine dominance. Or, dans une analyse écosystématique, il n'aura pas suffi de dresser une liste taxonomique; on aura regroupé les organismes d'après leur forme et leur fonction.

Ainsi, dans l'érablière (figure 2) au niveau 2 (phytotrophique) on trouvera: des arbres décidus (érable, hêtre, tilleul) de forte taille, et leurs semis; des arbustes également décidus (cornouiller, sureau); des herbes enracinées dont les unes sont printanières (érythrone, claytonie, dicentre), les autres estivales (eupatoire, verge-d'or), les autres à la fois printanières et estivales (trille, osmorhize); des plantes épiphytes (surtout mousses ou lichens) ou saprophytes (corallorhize). Au niveau 3 (zootrophique-phytophage: nombreux insectes (galéricoles, fouisseurs, suceurs, piqueurs), plusieurs oiseaux (terricoles, arboricoles; nidificateurs, migrateurs) et petits mammifères (fouisseurs [mulots], arboricoles [écureuils], migrants). Au niveau 4 (zootrophique-carnivore): le renard et le hibou, et quelques oiseaux insectivores.

De même, dans la figure 3, un inventaire rapide nous révèle la présence, au niveau 2 (phytotrophique): de plankton et de plantes aquatiques flottantes (lenticelle), submergées-libres (cératophylle) et enracinées-submergées (potamots), à feuilles flottantes (nénufar), à feuilles ou tiges émergées (quenouille, sagittaire, rouche). Au niveau 3 (zootrophique-phytophage): larves d'insectes, mollusques, batraciens, ménés, tortue, canard, castor; au niveau 4 (zootrophique-carnivore): larves d'insectes, couleuvre-d'eau, brochet, butor, aigle-pêcheur, vison. Ici, il est très important de distinguer le résidents (castor), les visiteurs (vison), les migrateurs (canard).

On continuerait d'adhérer à la procédure traditionnelle si, après avoir relevé la composition (la liste *des agents*) et l'avoir au moins grossièrement quantifiée, on se tournait vers les conditions du site qui nous donneront un inventaire des ressources.

Si l'on accepte comme définition du terme *ressources* que ce sont *les éléments qui desservent les processus de cyclage*, il faudra chercher à les identifier et à les inventorier à chaque niveau. Si donc, l'eau est une ressource, on se demandera quelle est sa composition, d'où elle vient, et à quel rythme; puis on suivra les transformations qu'elle subit aux divers niveaux depuis la précipitation-percolation-ruissellement-drainage au niveau 1 (minérotrophique), à travers les diverses absorptions-métabolisations-excrétions-évaporations aux niveaux 2 (phytotrophique), 3 et 4 (zootrophiques), pour aboutir aux investissements (niveau 5) par mise en réserve dans les tissus végétaux et animaux et dans le sol et finalement (niveau 6) le contrôle (par exemple celui qu'exercent les castors).

Une ressource transformée en un produit par un agent devient une nouvelle ressource à un niveau supérieur. L'eau, l'oxygène, l'oxyde de carbone et les particules solides du sol, transformés par la plante en produit végétal (feuille, racine, graine), deviennent des ressources pour l'animal herbivore. La question qui se pose donc, en face d'un écosystème à analyser, est celle de la *diversité*, de l'*abondance* et de la *disponibilité* des *ressources* à chaque niveau trophique.

Ainsi, en comparant, niveau par niveau, l'érablière et le lac-aux-castors, on pourra faire les constations suivantes, en se demandant quel profit les agents qui en dépendent peuvent tirer de chacun des niveaux. Autrement dit: qu'est-ce qui s'offre à la consommation, de niveau en niveau?

## 1   Minérotrophie

*Erablière*: masse d'air relativement stable; précipitation interceptée par les diverses strates; microclimat assez constant, lumière fortement tamisée presque cinq mois par année; sol fortement stratifié, bien drainé, profond, de forte productivité.

*Lac-aux-castors*: masse d'air assez turbulente; irradition forte, fluctuations de température de l'air fortes; eau: niveau stable, stratification des températures; sol très riche et diversifié.

## 2   Phytotrophie

*Erablière*: biomasse très considérable; pourcentage de matière inactive très élevé; activité saisonnière très variable (explosion printanière, maximum estival); grande variété de types biologiques, y compris champignons et épiphytes, et de produits; bois, écorce, feuillage, racines, fruits.

*Lac-aux-castors*: biomasse inégalement répartie; réserve assez faible; dormance longue (départ printanier très lent, maximum estival); productivité élevée mais produits relativement uniformes.

## 3   Zootrophie-phytophagie

*Erablière*: transformation rapide et abondante des matières minérales et végétales par microorganismes et invertébrés divers dans le sol; consommation et assimilation par insectes, oiseaux et mammifères des écorces, bois, branches, feuilles, fleurs et fruits.

*Lac-aux-castors*: importantes transformations par les limnivores des dépôts de fond; consommation de plancton et de parties de plantes par les insectes, mollusques, poissons. Le castor lui-même devra souvent chercher sa nourriture (e.g., écorce de tremble) hors de l'écosystème.

## 4   Zootrophie-carnivorie

*Erablière*: les batraciens et oiseaux insectivores trouvent une nourriture abondante; d'autre part, des carnassiers résidents (hibou) ou de passage (renard) se nourrissent de petis mammifères, d'œufs, d'oiseaux.

*Lac-aux-castors*: les chaînes alimentaires peuvent être assez longues, à partir de microcrustacés, de mollusques et d'insectes en passant par plusieurs sortes de poissons, pour aboutir aux oiseaux (canards, butors, aigles-pêcheurs).

## 5  Investissement
*Erablière*: la grande masse de frondaisons des arbres est investie annuellement dans l'humus sans cesse renouvelé; l'amidon, le sucre et la cellulose s'accumulent dans les diverses plantes; les animaux hibernants emmagasinent des matières grasses; les rongeurs font des 'caches.'

*Lac-aux-castors*: la provision d'eau elle-même est maintenue à un volume peu variable; les cases des castors sont sans cesse réparées, de même que la digue elle-même; certaines plantes ont d'épais rhizomes chargés d'amidon; d'autres forment des hibernacles enrobés de mucilage; les mollusques concentrent, accumulent et déposent la matière minérale (marne).

## 6  Contrôle
*Erablière*: c'est la masse végétale dans son ensemble qui exerce le pouvoir stabilisateur, puisqu'il s'agit d'un climax.

*Lac-aux-castors*: c'est le castor, par son action répétée et en quelque sorte programmée, qui maintient constant le niveau de l'eau, lequel est responsable de la présence-absence et de l'abondance-rareté des agents de production végétaux et animaux.

Une analyse vraiment complète suivrait à la trace le *cheminement* de chacune des resources, sa *captation* par chacun des agents, l'*émergence* de chacun des *produits* devenant eux-mêmes, à leur tour, ressource. Elle identifierait le processus précis (pédogénétique, métabolique, gestionnaire) par lequel s'accomplit chacune des transmutations ou translocations. Elle évaluerait les facteurs présents dans l'écosystème, à chaque niveau, qui servent à *promouvoir* ou *inhiber* la transaction.

Il est évident qu'on n'a pas encore soumis les paysages québécois au crible d'un scrutin aussi minutieux. En attendant certaines démonstrations exemplaires, toutefois, les considérations qui précèdent nous fournissent d'indispensables points de repère pour établir un cadre pour les inventaires et peut-être un modèle pour les aménagements.

Je me suis exprimé plus au long sur les principes utilisés plus haut (1971a) et il m'a été donné de diriger une équipe interdisciplinaire qui en a adopté les grandes lignes (1971b, 1972).

## Un cadre pour les inventaires

Pour bien situer les paysages du Québec, surtout si l'on cherche les dimensions mouvantes de leur dynamisme, il importe de composer des mosaïques où l'on aura repéré les ordres de grandeur. La figure 4 propose un tel schéma. Il est important de considérer, à chaque échelon, deux choses surtout: l'espace exploitable et la nature des contraintes.

Le tableau 1 nous prépare à envisager à la fois la description du paysage et sa dynamique. Ainsi, on constate que, s'il s'agit de définir des associations (ou communautés de plantes), la caractéristique de cette unité est dictée par le site, et sa composition sociologique doit être connu. Si l'on monte d'un cran et que l'on cherche à comprendre le potentiel du paysage, on doit isoler un segment de la sère (ou de la 'série'), et les caractéristiques de l'écosystème qui la conditionne sont d'ordre physiographique et les réponses sont d'ordre physiologique. On désigne sous le nom de *sère* un segment plus ou moins long de la succession, à partir d'une étape pionnière, qui aboutit à une végétation relativement stable (pas nécessairement le climax). Cette perspective est abondamment exploitée par les cartographes de la végétation (e.g., l'école de Toulouse) et de l'utilisation des terres (e.g., Inventaire des Terres du Canada) qui s'en servent pour relever le potentiel.

Depuis longtemps, l'unité de base pour l'écologie animale aussi bien que végétale a été l'association végétale, la communauté végétale, ou encore, dans un sens moins strict, le 'type de végétation.' Dans la zone tempérée froide, ces unités sont le plus souvent désignées par allusion à la plante dominante: une ormaie, une érablière, une pinède, ou encore une forêt d'érables, une savane d'aubépines, une prairie de verges-d'or, une pelouse de pâturins, etc. Ces dernières expressions ont l'avantage de nommer la dominante et de donner une idée de la structure. Dans une assez longue série de publications, je me suis efforcé de donner des dimensions structurales plus strictes à la phytosociologie et aux formations végétales (voir surtout 1951, 1958, 1961a,b, 1968a). Je ne crois pas nécessaire, dans le présent contexte, d'en définir les paramètres.

Prenant donc mes points de repère à la figure 5, je reconnaîtrai cinq *bioclimats* dans le Québec, qui se caractérisent par leur type dominant de végétation: érablière, bois-francs, forêt canadienne, taïga et toundra.

Bien entendu, cette répartition est, avant tout, fonction du climat. Je ne m'y arrête pas ici, et me contenterai de renvoyer à l'excellent atlas de Wilson (1971), qui analyse le climat du Québec d'une façon très détaillée.

En supposant que le même répertoire de topographies assure des résolutions analogues des forces climat-sol, le *contrôle écologique* sera sensiblement équivalent. Le Tableau II définit ces contrôles et on les retrouve,

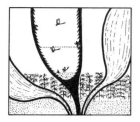

**Niche**
Feuille de sarracénie

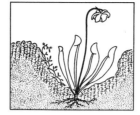

**Écotope**
Dépression

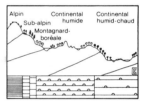

**Communauté**
Fourré de petit-thé

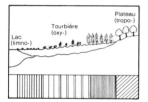

**Individus**
Insectes et protistes

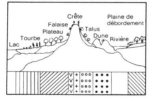

**Populations**
Sarracénie et atocas

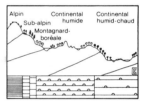

**Écotopes**
Tertres et dépressions

**Écosystème**

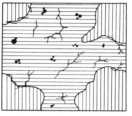

**Paysage**

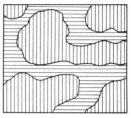

**Bioclimat**

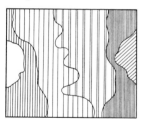

**Communautés**

| | Lis d'eau |
|---|---|
| | Laîche |
| | Petit-thé |
| | Kalmia |
| | Épinette |
| | Érable |

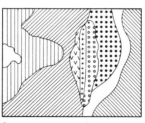

**Écosystèmes**

| | Limno- |
|---|---|
| | Oxy- |
| | Tropo- |
| | Litho- |
| | Chasmo- |
| | Cherso- |
| | Psammo- |
| | Hélo- |

**Paysages**

| | Plateau alpin |
|---|---|
| | Pente subalpine |
| | Pente boréale |
| | Continental humide |
| | Continental humide-chaud |
| | Collines |

**5.4**

**Les Ordres de Grandeur de l'Environnement**

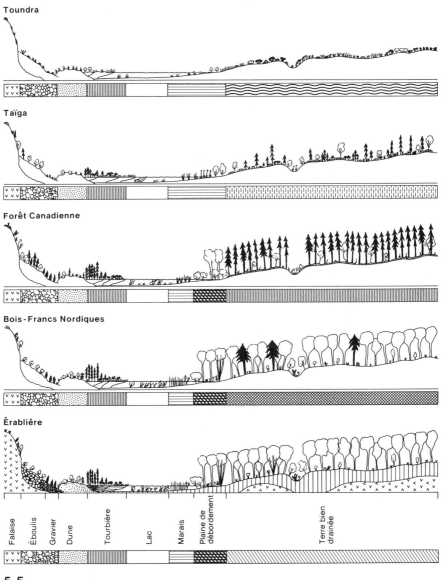

Toundra

Taïga

Forêt Canadienne

Bois-Francs Nordiques

Érablière

Falaise   Éboulis   Gravier   Dune   Tourbière   Lac   Marais   Plaine de débordement   Terre bien drainée

**5.5**

**Les Cinq Zones Bioclimatiques du Québec**

Tableau 1 Divisions de la biosphère et ordres de grandeur de l'environnement

| Unité | Contrôle | | Nature de la réponse | Unité de végétation | Aire occupée |
| | Elément | Agent | | | |
| --- | --- | --- | --- | --- | --- |
| Biochore | Régime de la masse d'air | météorologique | structurale | super-formation | continent ou province |
| Bioclimat | Climat | météorologique | structurale & fonctionnelle | classe-de-formation | province |
| Aire-climax | Climat | météorologique et physiographique | structurale & floristique | complexe de climax | zone |
| Paysage | Géomorphologie | physiographique | structurale & floristique | sères | région |
| Ecosystème | Forme de terrain | physiographique-édaphique | physiologique | sère | habitat |
| Site | Sol | édaphique | sociologique | association | ceinture |
| Strate | Microclimat | micrométéorologique | épharmonique | union | strate |
| Ecotope | Microsite | micrométéorologique biologique | microédaphique | microsociété ou population | niche |

Tableau 2 Les contrôles écologiques. Système de H. del Villar (1929), adapté par Dansereau 1957, 1959, 1966

| Substratum | Habitat | Harmonie relative | Nature du contrôle | Qualité du contrôle | Régime | Ecosystèmes typiques | Symbole | Texture |
|---|---|---|---|---|---|---|---|---|
| | totalement ou partiellement aquatique  HYDROPHYTIE | Harmonie des facteurs | | constante | 1 Limnophytie | lacs, étangs, cours d'eau | 1 | |
| | | | | subconstante | 2 Hélophytie | marécages, étangs temporaires | 2 | |
| | | Dysharmonie dominante d'un facteur | chimique | alcalinité | 3 Halohydrophytie | mers, lacs salés | 3 | |
| | | | | acidité | 4 Oxyhydrophytie | lacs acides | 4 | |
| | | | thermique | excès | 5 Hydrothermophytie | sources chaudes | 5 | |
| | | | | déficience | 6 Cryophytie | mers arctiques, neige, glace | 6 | |
| | | | biotique | accumulations méphitiques | * (Hydrosaprophytie) | | | |
| géophysique: ECOPHYTIE | | Harmonie des facteurs | MÉSOPHYTIE | constante | 7 Hygrophytie | forêt tropicale ombrophile | 7 | |
| | | | | subconstante | 8 Subhygrophytie | forêt subtrop. & ombroph. tempér. | 8 | |
| | | | | discontinue | 9 Tropophytie | forêt décidue | 9 | |
| | | | déficience d'eau XÉROPHYTIE | modérée | 10 Mésoxérophytie | forêt méditerranéenne | 10 | |
| | | | | extrême | 11 Hyperxérophytie | désert | 11 | |
| | | | extrême de température | très élevé | 12 Subxérophytie | savane | 12 | |
| | | | | très bas | 13 Psychrophytie | toundra | 13 | |
| | émergé PÉZOPHYTIE | Dysharmonie dominante d'un facteur | réaction s'éloignant du point neutre | alcalinité | 14 Halophytie | rivage maritime, désert salé | 14 | |
| | | | | acidité | 15 Oxyphytie | tourbières, forêts aciculifoliées | 15 | |
| | | | substratum physique excessivement EDAPHOPHYTIE | instable | 16 Psammophytie | dunes | 16 | |
| | | | | perméable | 17 Chersophytie | graviers | 17 | |
| | | | | | 18 Chasmophytie | crevasses | 18 | |
| | | PETROPHYTIE | | compact | 19 Lithophytie | rochers | 19 | |
| | | | facteur biotique perturbant BIOGENOPHYTIE | accumulations putrescibles | ** (Pezosaprophytie) | | | |
| | | | | transformation générale | 20 Biogénophytie | sanctuaires d'oiseaux | 20 | |
| | | | | du milieu | 21 Paranthrophytie | cours, chemins de fer, édifices | 21 | |
| orga-nique SAPRO-PHYTIE | aquatique émergé | | | | 22 *Hydrosaprophytie | troncs d'arbres sous l'eau | 22 | |
| | | | | | 23 **Pézosaprophytie | troncs d'arbres morts | 23 | |
| BIO-PHYTIE | extérieur à l'act. biol. affectant l'act. biol. | Harmonie des facteurs | texture du substratum | constante | 24 Ectobiophytie | écorce; gaines des Broméliacées | 24 | |
| | | | | | 25 Endobiophytie | intestins des animaux; bois vivant | 25 | |

sous chacun des profils topographiques. Ainsi, une lecture du niveau de la toundra (ou arctique-alpin), de gauche à droite, montre les corrélations suivantes: falaise-lithophytie; éboulis-chersophytie; gravier-chersophytie; dune-psammophytie; tourbière-oxyphytie; lac-limnophytie; marécage-hélophytie; plaine de débordement-hélophytie; plateau-psychrophytie. Il y a là au moins sept régimes physiologiques de contrôle de la végétation et donc, au moins, autant d'*écosystèmes*. Chacun, toutefois, contient souvent plus d'une *association*.

Une certaine compréhension des forces géomorphologiques et pédologiques est nécessaire, à partir d'une coupe statique telle qu'on en voit sur la figure 5. Quelle est la nature et quel est le rythme des processus d'érosion-sédimentation qui conduiront au changement de pente de la falaise, au repos de la dune, au comblement du lac, au siltage de la plaine de débordement, à la dissection du plateau? Une connaissance de l'effet cumulatif de la masse végétale prend, à l'occasion, des dimensions géologiques (comme dans les cas des tourbières?). Autant de questions qui régissent le *dynamisme interne* des écosystèmes. Ainsi, une tourbière (voir figure 4) aura un matelas organique flottant, à la marge extérieure duquel il y a une bande de laîches; vers l'intérieur, on trouvera le petit-thé, puis le kalmia, puis l'épinette. A mesure que le matelas se consolide et s'ancre dans le fond, ces bandes se déplaceront de telle sorte que les laîches seront remplacées par le petit-thé, lequel cédera au kalmia, et celui-ci à l'épinette. La prévisibilité de cette succession interne ne s'étend pas, du moins quant à l'échelle de temps, aux écosystèmes contigus, soit: le lac et le plateau.

Autrement dit, les transitions à l'intérieur d'un écosystème d'une part et les transferts d'un écosystème à l'autre appellent respectivement une évolution et une révolution. La première est surtout quantitative, alors que la seconde est qualitative.

Pour encadrer le dynamisme des paysages, il convient donc de placer les associations (ou communautés) dans leurs écosystèmes et de situer ceux-ci les uns par rapport aux autres. Chaque paysage, à un moment quelconque, présentera donc une mosaïque d'écosystèmes chacun desquels à son tour, aura atteint un équilibre plus ou moins stable.

### Un modèle pour l'aménagement

En construisant ces blocs dynamiques, on se trouvera avoir accumulé des indices très nombreux qui serviront à déterminer des potentiels dont la connaissance est préalable à tout aménagement rationnel et dont l'exploitation a déjà subi un impact (positif ou négatif) là où l'homme est intervenu.

Une superposition cartographique du relevé d'utilisation des terres sur les concentrations et mouvements de populations animales, elles-mêmes recouvrant les unités végétales (actuelles et potentielles), qui à leur tour reposent sur le paysage physique, nous met en présence d'interrelations plus ou moins causales qui conduisent à l'estimé des valences du paysage tout entier.

Ainsi, une plaine de débordement dans les basses-terres du St-Laurent, est occupée par une forêt d'ormes, d'érables argentés et de frênes noirs. Les strates inférieures peuvent être extrêmement luxuriantes: le fort développement des fougères, du chou-puant, des orties, des eupatoires et des impatientes révèle une forte productivité. Aussi, le sol est-il riche à la fois en humus et en matière minérale. Ces sites ont été presque partout transformés par l'agriculture. Le segment inférieur où la terre-noire est épaisse, une fois drainé, est le plus fertile qui soit pour les cultures maraîchères. Le secteur supérieur, où l'argile est plus proche de la surface, se prête davantage aux grandes cultures.

En modifiant le drainage, toutefois, il faut bien noter que l'homme a causé une véritable révolution dans le régime écologique. En mettant fin aux inondations il a changé un écosystème hélophytique en un écosystème tropophytique. Toutefois, les ressources déjà investies dans les sol par une pédogenèse pluriséculaire ont un caractère proprement hélophytique.

C'est donc la connaissance de cet arrière-plan écologique où la direction des forces naturelles du milieu peut être repérée qui donne à l'aménagiste le pouvoir de les diriger et de les canaliser.

## LES PAYSAGES NATURELS DU QUEBEC

Il reste encore, dans le Québec, des paysages qui témoignent de la nature vierge, qui présentent non seulement des reliques de types de végétation localement épargnés par l'homme, mais un nombre suffisant de contacts entre plusieurs écosystèmes pour qu'on se fasse une idée de la dynamique du paysage tout entier. Il serait vain de chercher un répertoire complet de ces mosaïques. Aussi, les écologistes ont-ils dû faire de nombreuses extrapolations.

J'avais voulu, en 1959, tenter une énumération de toutes les associations végétales de la Vallée du St-Laurent. J'ai, depuis lors, profité d'autres explorations, et surtout des travaux de divers collègues (surtout Miroslav Grandtner) pour ajouter à ce nombre. J'en reconnais quelque 184. Chacune se caractérise: (1) par sa *composition* et, pour fins d'identification, porte le nom de sa dominante (ACERETUM RUBRI où domine l'érable rouge,

Tableau 3   Protoformations. Les principales structures des masses végétales classées indépendamment de leur composition, de leur géographie et de leur écologie. Hauteur et couverture moyenne (en mètres), pas nécessairement maximum

| Protoformation ou formation prototype | Synonyme | Plantes ligneuses | | Plantes herbacées | |
|---|---|---|---|---|---|
| | | Hauteur | Couverture | Hauteur | Couverture |
| | | mètres | % | mètres | % |
| Magnisilva | Forêt | +8 | +60 | var. | var. |
| Quasisilva | Parc | +8 | 25–60 | var. | var. |
| Saltus | Savane | 2–10 | 10–25 | 0–2 | 25–100 |
| Thamnion | Fourré | 0.1–3 | 25–100 | var. | var. |
| Altopratum | Prairie | | | 0.5–2 | 50–100 |
| Nanopratum | Pelouse | | | 0.0–0.5 | 50–100 |
| Hemipratum | Steppe | 0.1–2 | 0–25 | 0.0–2 | 10–50 |
| Eremos | Désert | 0.0–10 | −10 | 0.0–0.5 | −10 |
| Microthamnion | Toundra | 0.0–0.25 | 10–60 | 0.0–0.25 | 0–20 |
| Crusta | Croûte | | | 0.0–0.1 | 50–100 |

*Acer rubrum*); (2) par sa *structure* (protoformation: forêt, savane, prairie, etc.; voir tableau 3); (3) par son *régime écologique* (limnophytie, oxyphytie, etc.; voir tableau 2); (4) par son *stade dynamique* (pionnière, consolidation, sous-climax, etc.); (5) par l'*aire-climax* où elle se rencontre (toundra, taïga, forêt canadienne, bois-francs nordiques, érablière laurentienne; voir figure 6).

Ce n'est pas l'endroit de faire l'analyse de la répartition écologique et climatique de ces 184 associations. Mais il est certainement utile de référer aux cinq critères qui viennent d'être mentionnés dans une description des paysages.

La figure 6 montre la répartition des zones bioclimatiques dans le Québec. Elle a été compilée d'après les travaux de Halliday (1937), Rousseau (1952), Rowe (1959), Hare (1959) et Dansereau (1959). La nomenclature que je suis n'est que partiellement conforme à celle de ces auteurs.

### Toundra arctique et alpine

La phytogéographie classique depuis Humboldt insiste beaucoup sur l'analogie de l'arctique et de l'alpin. Cette équivalence des végétations et des faunes des hautes latitudes et des hautes altitudes est tout au plus partielle et se soutient mal dans la plupart des régions tropicales. Elle est

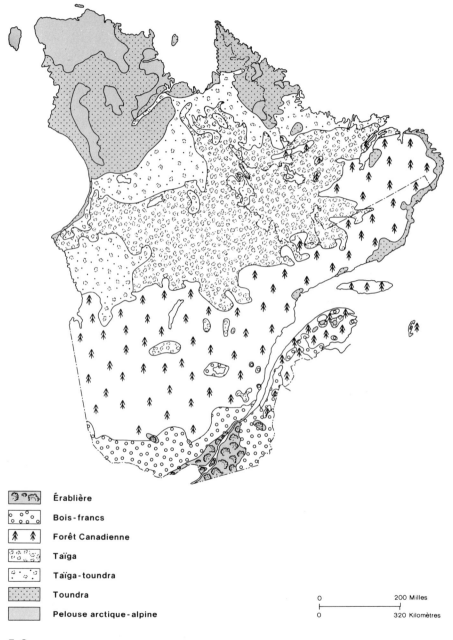

| | |
|---|---|
| Érablière |
| Bois-francs |
| Forêt Canadienne |
| Taïga |
| Taïga-toundra |
| Toundra |
| Pelouse arctique-alpine |

0             200 Milles

0             320 Kilomètres

## 5.6
## Zones de Végétation du Québec
(D'après Halliday 1937, Rousseau 1952, Rowe 1959, Hare 1959 & Dansereau 1959)

toutefois frappante quand on considère les montagnes de l'Europe, de l'Asie et de l'Amérique du Nord dans leurs ressemblances avec les régions arctiques.

La figure 7 est un schéma de la distribution altitudinale de la végétation dans tout l'Est de l'Amérique du Nord. Je ne m'attarderai pas ici aux complexités du subalpin et du quasi-alpin, qui n'ont pas de place sur la carte (figure 6). Je signale seulement que ces types de végétation fournissent de précieux indices des changements récents de climat.

Dans le Québec, les sommets des Shikshoks, dans la Péninsule de Gaspé, ont non-seulement une flore mais aussi une végétation à peu près identique à celle qui prévaut au 60e parallèle. Ces paysages alpins trouvent sans doute leur plus forte expression dans les massifs du Mont Jacques-Cartier et du Mont Albert. Le sommet de ce dernier est un plateau de serpentine à bords escarpés qu'encercle un anneau d'amphibolite. Sa surface craquelée révèle les polygones de pierre typiques des milieux arctiques. Il contient des affleurements et des effrondrements qui permettent à des tourbières de se former dans des cuvettes et à des chapelets de petits lacs de se déverser les uns dans les autres par des goulets herbeux, des ruisseaux torrentiels et de petites cataractes. Leur parcours est longuement bloqué par des névés de durée inégale selon la chaleur relative des étés.

Les pavés secs de la serpentine ont leurs interstices comblés par une floraison abondante d'armérias, lychnis, stellaires, saxifrages; cependant que les arbustes rampants, rhododendrons, saules et bouleaux nains tendent à disloquer davantage les pierres. Ce milieu s'enrichit là où le drainage est moins bon ou le sol plus profond, tant et si bien que les bleuets nains dominent et forment une toundra assez dense, souvent revêtue d'un tapis de mousse brune et laineuse.

La végétation la plus luxuriante, toutefois, est représentée par une pelouse de laîches, très verdoyante, constellée de fleurs à couleurs claires (arnica, véronique, campanule).

Les éboulis rocheux et les affleurements abritent des fougères, des lycopodes, des bruyères dans leurs interstices.

Le Mont Jacques-Cartier est in immense dôme aux pentes moins escarpées. Le substratum granitique, plus fertile que la serpentine, permet une végétation un peu plus luxuriante. Ainsi les pelouses de laîches sont plus étendues, cependant que la toundra de saules nains et de mousses est plus épaisse.

Et pourtant, ces îlots alpins ont peu d'autonomie. Si la toundra suit les crêtes exposées et les escarpements jusqu'assez bas dans la montagne, et si elle niche par plaques sur des sommets, des corniches et des falaises près du niveau de la mer, elle est, d'autre part, pénétrée à tout endroit par de

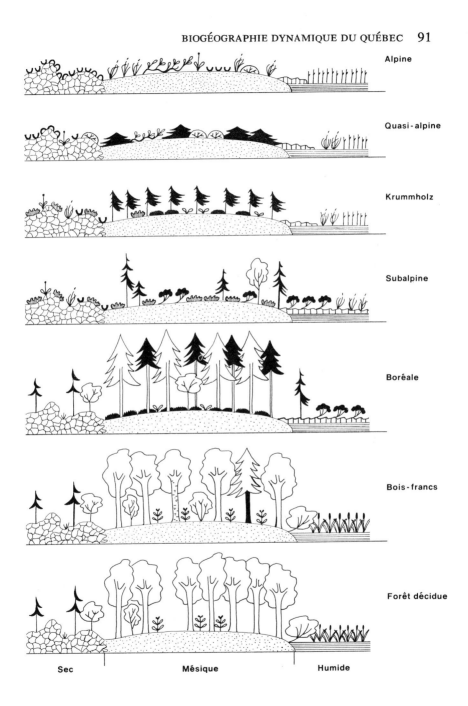

Alpine

Quasi-alpine

Krummholz

Subalpine

Boréale

Bois-francs

Forêt décidue

Sec          Mésique          Humide

**5.7**

**Zonation Altitudinale dans l'Est de l'Amérique du Nord**

(Dansereau 1967 b)

hauts ravins où les arbres (épinettes et sapins surtout), d'abord droits et symétriques, sont éventuellement rabougris et taillés en drapeau par les vents (krummholz).

Il en va autrement de la toundra arctique qui, dans l'extrême-nord du Québec s'étend sur un vaste territoire ondulant, hors de vue des arbres. Les crans les plus exposés, là surtout où la précipitation est faible, ne portent guère que des lichens formant sur le gneiss une dentelle noire et blanche fermement appliquée. Les pierres disjointes et les cailloutis sont investis de mousses vertes ou rouges, de lichens foliacés gris-verts et jaunâtres et d'une abondance de rosettes de saxifrages roses et de potentilles jaunes et de touffes de laîches et de luzules. Des graviers plutôt secs portent des coussins fleuris de silènes ou de longues guirlandes de dryas aux fleurs blanches et aux fruits soyeux qu'emporte le vent. Au bord des neiges fondantes, le tapis déprimé du petit saule herbacé aux feuilles rondes comme des médailles et, dans les ruisseaux qui en découlent, des renoncules jaunes des véroniques bleues, des épilobes roses.

Dans toutes les dépressions, de vastes tourbières herbeuses ocrées, brièvement verdoyantes, puis cuivrées. En été, couvertes de linaigrettes aux fruits en touffes cotonneuses.

La toundra est le terrain de reproduction d'un nombre énorme d'oiseaux qui durant les longues heures de lumière de l'été récoltent le surplus de baies, bourgeons, racines, insectes, petits mammifères. Les lemmings et autres petits rongeurs subissent des fluctuations de population très considérables qui, à leur tour, influencent celle de leurs prédateurs. Les caribous accomplissent de vastes migrations. Les animaux sédentaires, tels le renard, le lagopède, l'hermine, subissent des mues saisonnières: bruns, roux et gris comme la toundra l'été, ils deviennent blancs comme la neige l'hiver.

Les rivages maritimes offrent le spectacle le plus varié, puisqu'on y trouve, en outre, des dunes, des rivages, des marais salés. L'influence des animaux de mer y est également en évidence: les ours polaires pénètrent vers l'intérieur, les phoques et les oiseaux de mer transforment les rochers, y déposent leurs excréments, suscitent une croissance luxuriante.

On a voulu représenter sur la carte (figure 6) la prédominance régionale (d'après Hare 1959) de la toundra proprement dite où les éléments ligneux dominent et de la pelouse. Celle-ci occupe, en général, des terrains à texture plus fine et assez souvent mal drainés. L'intrusion d'une toundra côtière dans le Golfe St-Laurent présente un grand intérêt puisqu'elle met en contact les végétations arctique et boréale. En Gaspésie on retrouve ce phénomène à une échelle que notre carte ne permet pas de montrer. Il faut ajouter que cette toundra est pauvre en espèces, que la potentille tridentée, les 'pommes-de-terre' (*Vaccinium vitis-idaea*) et la camarine y jouent un rôle important.

### Taïga subarctique et subalpine

On ne saurait qualifier de 'zone de transition,' une région qui occupe des centaines de milles carrés. S'il est vrai que certains caractéristiques y sont boréales et d'autres arctiques, il n'en demeure pas moins que les paysages ont un caractère qui leur est propre. L'emploi du terme taïga est ambigu, je le sais, pusique les climatologistes et les botanistes l'ont souvent utilisé (en URSS comme ailleurs) pour désigner tout le territoire qui s'étend entre la prairie ou la forêt décidue et l'arctique sans arbres. Je l'emploie ici pour désigner la zone non-forestière et pourtant arborée.

Ainsi le 'muskeg' est-il, avec le parc-à-lichens, la dominante de la zone subarctique. Il est dû à un relief râpé par les glaces dont les dépôts enserrent des bassins à drainage bloqué. L'accumulation indéfinie de la tourbe, autour de pièces d'eau immobiles, favorise le développement d'un vaste manteau de mousses (sphaignes) qui servent d'abri à des plantes de faible exigence: laïches, linaigrettes, éricacées précèdent l'épinette noire, le bouleau et le mélèze. Ces tourbes ont des consistances variant de la fondrière liquide au matelas fibreux qui supporte bien le poids d'un homme.

Le parc-à-lichens ('lichen woodland' de Hare 1959) est une formation ouverte. C'est une savane à sa limite nord, où les épinettes sont petites et touffues à la base, formant krummholz, et c'est un parc à sa limite de contact avec la forêt boréale, où elles sont grandes et très étroites. Elles sont isolées ou groupées en petits îlots, associées aux pins gris, aux bouleaux blancs, également dispersés. Plusieurs arbustes feuillus, tels les aulnes, un chêvrefeuille, des cornouillers s'y trouvent aussi, et de grosses touffes, souvent des bandes ininterrompues, d'éricacées. Or, c'est probablement le lichen-des-caribous qui en est l'élément le plus distinctif, car il forme un tapis continu, se gonflant d'eau la nuit et se craquelant en polygones à la chaleur du jour.

On retrouve les aulnes et les saules le long des cours d'eau, formant une ceinture.

Les dômes granitiques et autres sites exposés portent des plaques de toundra, un peu partout dans cette partie de la taïga.

D'autre part, on distingue sur la Figure 6 une taïga-toundra qui correspond au 'forest tundra' de Hare (1959) et, jusqu'à un certain point, à l'hémi-arctique de Rousseau (1952). La végétation caractéristique de cette sous-zone est l'aspect rabougri des espèces qui, ailleurs, atteignent la taille d'arbres, et la formation d'un krummholz ou encore la prédominance d'aulnes, saules ou bouleaux nains. Peut-être faudrait-il distinguer comme sous-zone ce hinterland de la Baie James que Hare (1959) appelle 'Eastmain shrub woodland' où peut-être on reconnaîtra une analogie avec la 'forêt' de bouleaux, saules et aulnes de l'Islande et de la Laponie également baignées par des vents maritimes d'ouest en été.

Ces mêmes types de végétation se réalisent à l'étage subalpin dans la Péninsule de Gaspé, sur les hauteurs du Parc Provincial des Laurentides. Ils manifesteront des variantes analogues à celles de l'alpin par rapport à l'arctique. C'est dire que les savanes du Mont Logan, en Gaspésie, auront, par exemple, des épinettes à plus forte ramification latérale et que le parterre, violemment éclairé mais plus humide, portera une strate luxuriante de fougères au lieu des lichens. On retrouvera même ce paysage ici et là dans les Laurentides, par exemple au Mont Tremblant.

Dans les deux cas, c'est le domaine du caribou, migrant vers l'alpin et vers l'arctique respectivement en été et se déplaçant à l'automne vers le subalpin-subarctique, et jusque dans le boréal. Mais l'étroitesse des taïgas montagnardes ne leur confère pas l'autonomie des vastes étendues subarctiques.

### Forêt boréale canadienne

La forêt de sapins et d'épinettes fait partie d'un immense complexe circumboréal: scandinave-sibérien-japonais et transcontinental-américain qui s'étend loin au sud dans les montagnes de tous les continents de l'hémisphère nord (Rocheuses et Sierra Nevada de l'Ouest américain; Alpes Maritimes, Pyrénées et Sierra Nevada espagnole; contreforts himalayens).

Le segment de l'Est de l'Amérique du Nord est pauvre en espèces comparé à celui de l'Ouest. A vrai dire, cette forêt boréale est très monotone, puisqu'elle ne compte parmi ses arbres que deux espèces d'épinette, un sapin, un mélèze, un pin, et vers ses limites méridionales, un thuja, deux autres pins, une autre épinette

Plusieurs types forestiers manifestent une grande stabilité, et on peut leur assigner régionalement le status de climax. La forêt d'épinette blanche est sans doute la plus notable à ce point de vue, quoiqu'on doive reconnaître localement ou régionalement un mélange d'épinette, et de sapin ou d'épinette-sapin-bouleau comme stade terminal.

On s'attendra à trouver de telles forêts sur les sols profonds et bien drainés occupant des pentes douces. Les arbres atteignent une centaine de pieds, jettent une ombre dense où subsistent peu de petits arbres et arbustes (sorbier, noisetier, aulne, entre autres) mais où le sol se couvre d'un tapis de mousses (*Hylocomium, Hypnum, Pleurozium*) parfois continu. De nombreuses plantes herbacées occupent le plancher de la forêt: pyroles, orchidées, quatre-temps, gaulthérie, linnée, violettes.

Les endroits bien éclairés (bords de falaises et de lacs) sont liserés de forêts de tremble ou de bouleau.

Les rivières ont souvent un régime torrentiel, les crues, retardant de plus en plus du sud vers le nord, favorisent, par exemple, la remontée des fleuves par le saumon.

Les bords de rivière sont communément occupés par un rideau de peupliers, et une strate luxuriante de fougères avec, en-deçà, un fourré de saules arbustifs ou de harts rouges et plusieurs formations herbacées (surtout de foin-bleu et d'herbe-à-liens) sur les berges émergées.

Les lacs à l'eau claire, rocheux, profonds, contiennent assez peu de végétation et une faune elle-même limitée. C'est l'habitat par excellence de la truite mouchetée. Au contraire, les lacs vaseux, moins profonds, manifestent toute une gamme de végétations. En eau très profonde, on aura, à l'occasion, des tapis de *Chara*, des rhizomes de nénufars; puis en eau plus superficielle, et selon la nature du fond: des rubaniers à feuilles flottantes, des rouches, joncs et laîches; et plus près du bord, des plantes emergées à grandes feuilles, comme les sagittaires et les pontédéries.

Les lacs tourbeux, d'autre part, occupent un centre que tend à rétrécir le matelas de tourbe flottante qui l'encercle. Selon les endroits et selon la maturité relative de la tourbière, elle contiendra des bandes plus ou moins larges de laîches, de linaigrettes, de petit-thé, de thé-du-Labrador, de kalmia et d'épinettes.

On se rappellera que la forêt boréale est le domaine par excellence des coureurs-de-bois, et qu'elle approvisionnait le commerce des pelleteries qui a donné son élan économique à la colonie. C'est donc dans ses divers écosystèmes qu'encore aujourd'hui vivent le castor, le vison, le lynx, la loutre, le loup, l'ours, l'hermine. Et c'est aussi le domaine des chasses à l'original (animal peut-être le plus typique), aux gélinottes, au lièvre.

Il faudrait peut-être noter que l'extension nord-est de la forêt canadienne présente un appauvrissement notable: Hare (1959) l'appelle 'southeastern poor forests.'

La figure 8 est un essai de représentation synthétique du dynamisme de la végétation boréale. Ainsi, une ligne tirée du coin droit supérieur vers le centre du diagramme montre l'alignement suivant: nénufar–trèfle-d'eau–laîche rostrée–andromède–petit-thé–kalmia–épinette noire et éricacées–bouleau et sapin–épinette blanche. Voilà une hydrosère qui passe par la tourbière (voir Dansereau & Segadas-Vianna 1952). En partant du coin gauche inférieur, on traverse, au contraire, une xérosère, dans

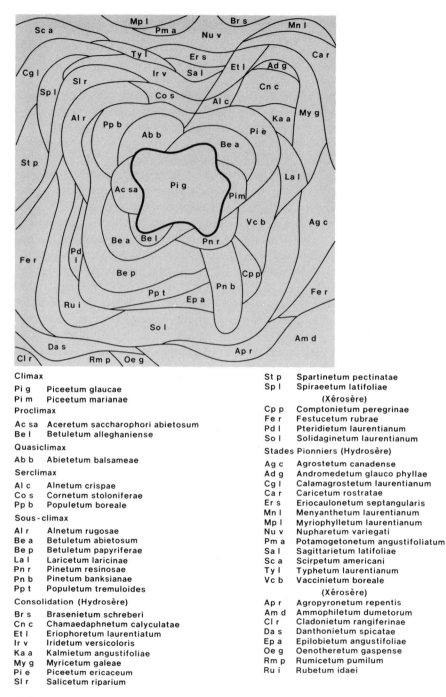

Climax

| | |
|---|---|
| Pi g | Piceetum glaucae |
| Pi m | Piceetum marianae |

Proclimax

| | |
|---|---|
| Ac sa | Aceretum saccharophori abietosum |
| Be l | Betuletum alleghaniense |

Quasiclimax

| | |
|---|---|
| Ab b | Abietetum balsameae |

Serclimax

| | |
|---|---|
| Al c | Alnetum crispae |
| Co s | Cornetum stoloniferae |
| Pp b | Populetum boreale |

Sous-climax

| | |
|---|---|
| Al r | Alnetum rugosae |
| Be a | Betuletum abietosum |
| Be p | Betuletum papyriferae |
| La l | Laricetum laricinae |
| Pn r | Pinetum resinosae |
| Pn b | Pinetum banksianae |
| Pp t | Populetum tremuloides |

Consolidation (Hydrosère)

| | |
|---|---|
| Br s | Brasenietum schreberi |
| Cn c | Chamaedaphnetum calyculatae |
| Et l | Eriophoretum laurentiatum |
| Ir v | Iridetum versicoloris |
| Ka a | Kalmietum angustifoliae |
| My g | Myricetum galeae |
| Pi e | Piceetum ericaceum |
| Sl r | Salicetum riparium |

| | |
|---|---|
| St p | Spartinetum pectinatae |
| Sp l | Spiraeetum latifoliae |

(Xérosère)

| | |
|---|---|
| Cp p | Comptonietum peregrinae |
| Fe r | Festucetum rubrae |
| Pd l | Pteridietum laurentianum |
| So l | Solidaginetum laurentianum |

Stades Pionniers (Hydrosère)

| | |
|---|---|
| Ag c | Agrostetum canadense |
| Ad g | Andromedetum glauco phyllae |
| Cg l | Calamagrostetum laurentianum |
| Ca r | Caricetum rostratae |
| Er s | Eriocaulonetum septangularis |
| Mn l | Menyanthetum laurentianum |
| Mp l | Myriophylletum laurentianum |
| Nu v | Nupharetum variegati |
| Pm a | Potamogetonetum angustifoliatum |
| Sa l | Sagittarietum latifoliae |
| Sc a | Scirpetum americani |
| Ty l | Typhetum laurentianum |
| Vc b | Vaccinietum boreale |

(Xérosère)

| | |
|---|---|
| Ap r | Agropyronetum repentis |
| Am d | Ammophiletum dumetorum |
| Cl r | Cladonietum rangiferinae |
| Da s | Danthonietum spicatae |
| Ep a | Epilobietum angustifoliae |
| Oe g | Oenotheretum gaspense |
| Rm p | Rumicetum pumilum |
| Ru i | Rubetum idaei |

5.8

**Position Relative et Dynamisme des Associations Végétales les Plus Typiques dans un Secteur de la Zone de la Forêt Canadienne**

l'ordre suivant: cladonie–petite oseille–danthonie–verge-d'or–ronce–tremble–bouleau–bouleau et sapin–bouleau jaune–épinette blanche. Le tableau 4 donne la clef de cet échantillonnage.

### La forêt tempérée décidue: bois-francs et érablière

L'Amérique du Nord-Est est une région où prédomine la forêt à feuilles larges et caduques. Les autres sont l'Europe occidentale, la Transcaucasie et l'Asie orientale. L'Amérique du Sud en contient aussi un vestige (en Argentine). Cette formation, aujourd'hui disjointe, se manifeste avec des variantes selon les continents et selon l'histoire qu'elle a connue. Pour nous en tenir uniquement à l'Est de l'Amérique du Nord, du Minnesota à l'Arkansas, et du nord de la Floride au Québec, Braun (1950) reconnaît quelque neuf divisions majeures dominées régionalement, en diverses combinaisons, par le tulipier, le chataîgnier, le hêtre, les chênes, les érables, les caryers, un bouleau, un cerisier, et quelques autres.

Dans le Québec, on peut observer deux types principaux: l'érablière laurentienne et les bois-francs (Dansereau 1946, 1959, Grandtner 1966).

Ces deux formations qui occupent les meilleurs sols, toujours bien drainés, se compénètrent diversement, les bois-francs occupant les zones et les sites les plus froids, et s'étendant, géographiquement, depuis les Appalaches du Nord-Est des Etats-Unis, dans un grand arc-de-cercle vers le nord des Grands Lacs, cependant que l'érablière qui atteint sa limite dans la Plaine de Montréal, se prolonge vers le sud-ouest jusque dans l'Indiana.

On entend par bois-francs une forêt où abondent l'érable à sucre et le hêtre mais où sont aussi présents, et quelquefois très abondants, le bouleau jaune et/ou la pruche. Le sapin peut aussi s'y rencontrer à l'occasion.

L'érablière laurentienne se compose exclusivement d'arbres à feuilles caduques, surtout d'érable à sucre et de hêtre, dont les proportions relatives peuvent varier, mais où l'érable est presque toujours plus important. Le tilleul, le frêne blanc, le cerisier d'automne sont des partenaires mineurs. D'autre part, les caryers et les chênes sont aussi présents sur les sites les plus chauds.

Ce qui, sans doute, caractérise le plus visiblement ce type de végétation, c'est son rythme saisonnier. Au printemps, la lumière atteint directement le sol à travers les rameaux nus des arbres et une grande abondance de plantes, pour la plupart bulbeuses ou rhizomateuses (érythrone, claytonie, dicentre, ail-des-bois), couvre la terre. Avec la feuillaison progressive, l'ombre prive ce tapis herbacé de lumière et ces plantes disparaissent presque toutes, alors que d'autres, en général plus hautes, et beaucoup plus éparses (eupatoire, cinna), se développent. Plusieurs de celles-ci ne fleu-

Tableau 4   Principales associations végétales d'un segment de la forêt boréale canadienne (voir figure 8)

| Stade dynamique | Symbole | Nom de l'association latin | français | anglais | Proto-formation tableau 3 | Contrôle écologique tableau 2 |
|---|---|---|---|---|---|---|
| Climax | Pi g | Piceetum glaucae | pessière blanche | white-spruce forest | 1 | 15 |
|  | Pi m | Piceetum marianae | pessière noire | black-spruce forest | 1 | 15 |
| Proclimax | Ac sa | Aceretum saccharophori abietosum | érablière à sapin | maple-balsam forest | 1 | 9-15 |
| Quasi-climax | Be l | Betuletum alleghaniense | forêt de bouleau jaune | yellow-birch forest | 1 | 9 |
|  | Ab b | Abietetum balsameae | sapinière | balsam-fir forest | 1 | 15 |
| C' ser-climax | Al c | Alnetum crispae | aulnaie verte | green-alder thicket | 4 | 2 |
|  | Co s | Cornetum stoloniferae | fourré de hart rouge | cornel scrub | 4 | 2 |
|  | Pp b | Populetum boreale | peupleraie boréale | boreal poplar woods | 2 | 2-9 |
| C sous-climax | Al r | Alnetum rugosae | aulnaie blanche | white-alder thicket | 4 | 2 |
|  | Be a | Betuletum abietosum | boulaie à sapins | birch and balsam woods | 1 | 10-9 |
|  | Be p | Betuletum papyriferae | boulaie à papier | paper-birch woods | 1 | 10-9 |
|  | La l | Laricetum laricinae | larigaie | tamarack stand | 2 | 15 |
|  | Pn r | Pinetum resinosae | pinède rouge | red-pine forest | 1 | 15 |
|  | Pn b | Pinetum banksianae | pinède grise | jack-pine stand | 3 | 12 |
|  | Pp t | Populetum tremuloidis | tremblaie | aspen grove | 1 | 10 |
| Consolidation | Br s | Brasenietum schreberi | herbier de brasenia | brasenia tangle | 5 | 1 |
|  | Cn c | Chamaedaphnetum calyculatae | fourré de petit-thé | cassandra scrub | 4 | 15 |
| Bh hydrosère | Et l | Eriophoretum laurentianum | pelouse de linaigrettes | cottongrass meadow | 6 | 15 |
|  | Ir v | Iridetum versicoloris | prairie d'iris | iris prairie | 5 | 2 |
|  | Ka a | Kalmietum angustifoliae | fourré de kalmia | lambkill scrub | 4 | 15 |
|  | My g | Myricetum galeae | fourré de myrica | sweet-gale scrub | 4 | 2 |
|  | Pi e | Piceetum ericaceum | savane à éricacées | heath savana | 3 | 15 |
|  | Sl r | Salicetum riparium | saulaie riparienne | riparian willow scrub | 4 | 2 |
|  | St p | Spartinetum pectinatae | prairie d'herbe-à-liens | cord-grass prairie | 5 | 2 |
|  | Sp l | Spiraeetum latifoliae | fourré de spirées | meadowsweet scrub | 4 | 2-10 |

Tableau 4—*continué*

| Stade dynamique | Symbole | latin | Nom de l'association | | Proto-formation tableau 3 | Contrôle écologique tableau 2 |
| | | | français | anglais | | |
|---|---|---|---|---|---|---|
| Bx xérosère | Cp p | Comptonietum peregrinae | fourré de comptonies | sweet-fern scrub | 4 | 16 |
| | Fe r | Festucetum rubrae | pelouse de fétuques | fescue meadow | 6 | 12 |
| | Pd l | Pteridietum laurentianum | prairie de fougère-à-l'aigle | bracken brake | 5 | 10 |
| | So l | Solidaginetum laurentianum | prairie de verges-d'or | goldenrod prairie | 5 | 10 |
| Stades pionniers | Ag c | Agrostetum canadense | prairie d'agrostide | redtop sward | 6 | 10 |
| | Ad g | Andromedetum glaucophyllae | fourré d'andromède | bog-rosemary low scrub | 4 | 15 |
| Ah hydrosère | Cg l | Calamagrostetum laurentianum | prairie de foin-bleu | bluejoint prairie | 5 | 2 |
| | Ca r | Caricetum rostratae | prairie de laîche rostrée | beaked-sedge prairie | 5 | 4 |
| | Er s | Eriocaulonetum septangularis | pelouse d'ériocaulon | pipewort meadow | 5 | 4 |
| | Mn l | Menyanthetum laurentianum | frange d'herbe-à-canards | buckbean fringe | 6 | 4 |
| | Mp l | Myriophylletum laurentianum | herbier de myriophylles | water-milfoil tangle | 5 | 1 |
| | Nu v | Nupharetum variegati | prairie de nénufars | waterlily prairie | 5 | 1 |
| | Pm a | Potamogetonetum angustifoliatum | herbier de potamots | pondweed tangle | 5 | 1 |
| | Sa l | Sagittarietum latifoliae | prairie de sagittaires | arrowleaf prairie | 6 | 1 |
| | Sc a | Scirpetum americani | prairie de rouches | bulrush prairie | 5 | 1–2 |
| | Ty l | Typhetum laurentianum | prairie de quenouilles | cattail prairie | 5 | 1–2 |
| | Vc b | Vaccinietum boreale | brousse de bleuets | blueberry low scrub | 4 | 12 |
| Ax xérosère | Ap r | Agropyronetum repentis | prairie de chiendent | couch-grass sward | 5 | 21 |
| | Am d | Ammophiletum dumetorum | prairie d'ammophile | dune-grass prairie | 5 | 16 |
| | Cl r | Cladonietum rangiferinae | croûte de lichen-de-caribou | cariboo-lichen crust | 10 | 19 |
| | Da s | Danthonietum spicatae | pelouse de danthonie | poverty-grass sward | 6 | 12 |
| | Ep a | Epilobietum angustifoliae | prairie d'épilobes | fireweed prairie | 5 | 12 |
| | Oe g | Oenotheretum gaspense | désert d'onagres | evening-primrose barren | 8 | 17 |
| | Rm p | Rumicetum pumilum | steppe de petite-oseille | sorrel steppe | 8 | 18 |
| | Ru i | Rubetum idaei | champ de ronces | thornfield | 4 | 21 |

riront qu'à la fin de l'été (aster, verge-d'or) quand la durée des heures de lumière aura considérablement diminué.

L'érablière et le bois-franc sont l'habitat d'origine du chevreuil, du raton laveur, de la martre et d'une myriade de fauvettes, de grives et d'autres oiseaux. Les souris des bois, les musaraignes, les pléthodons et quantité d'insectes les habitent.

Les rivages et la plaine de débordement sont occupés par une gamme très riche d'associations végétales. Les grandes prairies submergées de rouches, les formations solides de foin-bleu et d'herbe-à-liens bordent les haies de cornouiller et d'aulne, qui elles-mêmes s'appuient sur les riches forêts d'orme où vivent également l'érable argenté, le frêne noir, l'érable rouge, avec une strate de bleuet géant, de nerpruns, de houx et un grand développement de populage, de fougères et de chou-puant auquel s'ajoutent, pendant l'été, des plaques touffues d'eupatoires, d'orties du Canada et d'impatientes.

Les levées sableuses au bord des cours d'eau sont souvent occupées par des peupliers auxquels s'aggrippent l'herbe-à-la-puce et la vigne, et où croissent les élymes, les sanicules.

Les tourbières ne sont pas rares dans cette région. Formées au cours de la déglaciation, soit pendant les quelque 10,000 dernières années, dans tous les bassins à drainage intérieur, il se peut qu'elles soient encore actives dans la zone des bois-francs, alors qu'elles sont probablement reliquales dans la zone de l'érablière. Ce qui reviendrait à dire qu'elles peuvent se regénérer dans le premier cas et probablement pas dans le deuxième. Leur composition est typiquement boréale. Autrement dit, les mêmes associations qui caractérisent les tourbières de la forêt canadienne (figure 8) se retrouvent ici. C'est à peine si on notera quelques variantes ou encore la présence d'espèces à la limite nord de leur aire, comme le sumac vénéneux.

La végétation aquatique est incomparablement plus riche que celle des zones plus au nord. Le St-Laurent et ses affluents, et particulièrement les lacs que forment ses confluents et ses élargissements, abritent une masse végétale importante (nénufars, nymphéas, potamots, vallisnéries, élodées, rubaniers, sagittaires, rouches, joncs et bien d'autres qui se présentent sous forme de rosettes, de rubans, de tiges rigides, de masses feuillues et succulentes). Un peuple variable et abondant d'insectes, mollusques, batraciens et poissons est ordonné sur un grand nombre de chaînes alimentaires auxquelles participent de nombreux oiseaux (martin-pêcheur, aigle-pêcheur, échassiers divers, canards et goélands), et quelques mammifères (rats-musqués, castors, visons, ratons-laveurs).

D'autres écosystèmes encore caractérisent ces régions. Ainsi, l'accumulation de sables fluvio-glaciaires dans la plaine a favorisé les forêts de pins blanc, et à certains endroits les dunes, elles-mêmes occupées d'abord par une formation de steppe herbacée où domine l'ammophile, mais éventuellement gagnée par les bouleaux gris et le pin blanc.

La figure 9, tout comme la figure 8, cherche à montrer d'un coup d'oeil le dynamisme de la végétation dans un secteur de la zone de l'érablière. Toujours en tirant un trait de la périphérie vers le centre, on distinguera des sères qui passent par la tourbière, par le cèdre, par le pin blanc, par le bouleau gris, par l'érable rouge, etc., pour aboutir à l'érablière, ou quelquefois pour s'arrêter à un quasi-climax comme l'érablière à ormes ou l'érablière à caryers. Le tableau 5 donne la nomenclature et les principales caractéristiques des associations.

## ASPECTS DE LA TRANSFORMATION

Il n'est pas facile de rendre compte brièvement de tous les impacts de l'occupation humaine sur les paysages eux-mêmes décrits seulement dans leurs grandes lignes.

Les Eskimos et les Indiens, qui avaient occupé le Québec pendant plusieurs siècles avant la venue des Européens, avaient déjà laissé leur marque sur le pays. Venus dans le sillage de la déglaciation, il est plus que probable qu'ils aient contribué à la dissémination de beaucoup d'espèces sauvages. On pense, par exemple, aux aubépines dont la pénétration dans le Québec aura vraisemblablement emprunté le corridor Hudson-Champlain-Richelieu, puis, vers l'ouest, Outaouais-Grands Lacs, et vers l'est, St-Laurent-Saguenay-Lac St-Jean. La récolte de l'eau d'érable, la cueillette des fraises, framboises, bleuets, atocas, pimbinas, sont autant de formes d'intervention. De nombreuses 'mauvaises herbes,' dès cette époque, auraient accompagné la culture du tabac et du maïs.

Les Français et les Anglais devaient s'adonner à leur tour, non seulement à la cueillette, à la pêche et à la chasse, mais à une agriculture de défrichement massif, qui exigeait la sédentarité et marquait les débuts de l'industrialisation et de l'urbanisation.

Dans le présent contexte, il sera peut-être profitable de considérer l'un après l'autre les milieux sauvage, rural, suburbain et urbain pour tenter de les replacer dans le cadre de biogéographie dynamique qui précède. Or, pas plus que dans les sections précédentes, il ne s'agira d'un inventaire, mais tout au plus d'un signalement des aspects et des phénomènes les plus marquants.

### Milieux sauvages

Il reste encore beaucoup de territoire dans le Québec dont on peut dire

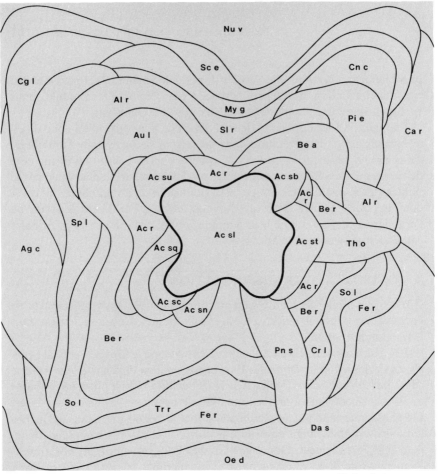

**Climax**

Ac sl    Aceretum saccharophori laurentianum

**Quasiclimax**

Ac sb    Aceretum saccharophori betulosum
Ac st    Aceretum saccharophori tsugosum
Ac su    Aceretum saccharophori ulmosum
Ac sq    Aceretum saccharophori quercosum
Ac sc    Aceretum saccharophori caryosum
Ac sn    Aceretum saccharophori nigroides

**Serclimax**

Au l    Acereto-ulmetum laurentianum
Al r    Alnetum rugosae

**Sous-climax**

Be a    Betuletum abietosum
Th o    Thujetum occidentalis
Pn s    Pinetum strobi
Be r    Betuletum populifoliae
Ac r    Aceretum rubri

**Consolidation (Hydrosère)**

Cg l    Calamagrostetum laurentianum
Sp l    Spiraeetum latifoliae
Sl r    Salicetum riparium
My g    Myricetum galeae
Cn c    Chamaedaphnetum calyculatae
Pi e    Piceetum ericaceum

       (Xérosère)

Fe r    Festucetum rubra
Cr l    Crataegetum laurentianum
So l    Solidaginetum laurentianum

**Stades Pionniers (Hydrosère)**

Nu v    Nupharetum variegati
Sc e    Scirpetum elatum
Ca r    Caricetum rostratae
Ag c    Agrostetum canadense

       (Xérosère)

Oe d    Oenotheretum dumetorum
Da s    Danthonietum spicatae
Tr r    Trifolietum repentis

**5.9**

## Position Relative et Dynamisme des Associations Végétales dans la Plaine de Montréal

qu'il est à l'état 'sauvage,' en ce sens qu'il n'est pas activement exploité par l'homme pour l'extraction minière, l'agriculture, l'industrie ou l'urbanisation. Il est également vrai de dire que la présence de l'homme se fait quand même sentir partout, puisque son intervention industrielle perturbe les cours d'eau, que le trafic aérien sillonne tous les cieux, que le réseau routier est de plus en plus étendu et que la chasse et la pêche, même si elles sont sporadiques et saisonnières, ne sont strictement interdites que sur des espaces très limités.

C'est le but présumé des parcs nationaux et provinciaux et des autres réserves de maintenir dans un état primitif des aires 'représentatives.' Cela exigerait en principe, qu'on désigne ces aires dans chacune des zones bioclimatiques (voir figures 5 et 6). Il conviendrait encore, à l'intérieur de chaque zone bioclimatique, qu'un répertoire aussi complet que possible des écosystèmes (figure 4) soit couvert, et finalement que toutes les associations végétales et les populations animales que s'y superposent soient incluses.

Nous sommes très loin du compte à l'heure actuelle, et dans l'efficacité de la protection et dans la présentation d'un répertoire complet. La sous-section québécoise du comité de Protection Terrestre du Programme Biologique International a fait des efforts considérables dans ce sens, et il faut souhaiter que les pressions deviennent assez fortes pour qu'une partie plus considérable du territoire québécois soit protégée.

Les empiètements actuels du transport, de l'habitation, de l'exploitation minière, de la chasse, de la pêche, de la coupe du bois, pénètrent jusqu'au cœur des parcs provinciaux. Le massacre annuel des bébés-phoques a enfin inspiré une législation plus sévère, d'ailleurs axée à des ententes internationales. Il semble maintenant que les déprédations danoises ont conduit le Canada à interdire la pêche commerciale du saumon,

Les besoins de l'utilisation multiple doivent être reconnus; mais ils doivent également être rationalisés. Nous ne manquons aucunement de moyens techniques pour aménager nos paysages en fonction des exigences apparemment antagoniques de la science, de la récréation et de l'industrie.

A l'heure actuelle les écosystèmes de rivages maritimes, les dunes, les marais salés, les plaines de débordement boisées et la plupart des variantes de l'érablière ne sont nulle part protégés.

### Milieux ruraux

Le défrichement a été le premier impact majeur sur l'équilibre biogéographique du Québec. Partout où il s'est fait, il a d'abord été orienté vers la grande culture où l'on a pratiqué un système de rotation traditionnel en Europe occidentale: cultures sarclées–céréales–foin–pâturage. Les terres,

Tableau 5 Principales associations végétales d'un segment de la Plaine de Montréal (voir fig. 9)

| Stade dynamique | latin | Symbole | Nom de l'association | | Proto-formation tableau 3 | Contrôle écologique tableau 2 |
| --- | --- | --- | --- | --- | --- | --- |
| | | | français | anglais | | |
| Climax | Aceretum saccharophori laurentianum | Ac sl | érablière laurentienne | laurentian maple forest | 1 | 2–9 |
| Quasi-climax | Aceretum saccharophori betulosum | Ac sb | érablière à bouleau jaune | yellow birch/maple forest | 1 | 9 |
| | Aceretum saccharophori tsugosum | Ac st | érablière à pruche | hemlock-maple forest | 1 | 9–15 |
| | Aceretum saccharophori ulmosum | Ac su | érablière à orme | elm-maple forest | 1 | 9 |
| | Aceretum saccharophori quercosum | Ac sq | érablière à chêne | oak-maple forest | 1 | 9 |
| | Aceretum saccharophori caryosum | Ac sc | érablière à caryer | hickory-maple forest | 1 | 9 |
| | Aceretum saccharophori nigroides | Ac sn | érablière à érable noir | black and sugar maple forest | 1 | 9 |
| Ser-climax | Acereto-Ulmetum laurentianum | AU l | ormaie de rivage | floodplain elm forest | 1 | 2–9 |
| | Alnetum rugosae | Al r | aulnaie blanche | white alder thicket | 4 | 2 |
| Sous-climax | Betuletum abietosum | Be a | boulaie à sapins | birch and balsam forest | 1 | 10–9 |
| | Thujetum occidentalis | Th o | cédrière | cedar thicket | 1 | 10 |
| | Pinetum strobi | Pn s | pinède blanche | white pine forest | 1 | 15 |
| | Betuletum populifoliae | Be r | boulaie grise | gray birch forest | 1 | 10 |
| | Aceretum rubri | Ac r | érablière rouge | red maple forest | 1 | 9 |

Tableau 5—*continué*

| Stade dynamique | Symbole | latin | Nom de l'association français | anglais | Proto-formation tableau 3 | Contrôle écologique tableau 2 |
|---|---|---|---|---|---|---|
| Consolidation | Cg l | Calamagrostetum laurentianum | prairie de foin-bleu | bluejoint prairie | 5 | 2 |
| Hydro-sère | Sp l | Spiraeetum latifoliae | fourré de spirées | meadowsweet scrub | 4 | 2–10 |
| | Sl r | Salicetum riparium | saulaie riparienne | riparian willow scrub | 4 | 2 |
| | My g | Myricetum galeae | fourré de myrique | sweet-gale scrub | 4 | 2 |
| | Cn c | Chamaedaphnetum calyculatae | fourré de petit-thé | cassandra scrub | 4 | 15 |
| | Pi e | Piceetum ericaceum | savane d'éricacées | heath savana | 3 | 15 |
| Xéro-sère | Fe r | Festucetum rubrae | prairie de fétuques | fescue prairie | 6 | 12 |
| | Cr l | Crataegetum laurentianum | savane d'aubépines | hawthorn savana | 3 | 12 |
| | So l | Solidaginetum laurentianum | prairie de verges-d'or | goldenrod prairie | 5 | 10 |
| Stades pionniers | Nu v | Nupharetum variegati | prairie de nénufars | waterlily tangle | 5 | 1 |
| | Sc e | Scirpetum elatum | prairie de rouches | bulrush prairie | 5 | 1–2 |
| Hydrosère | Ca r | Caricetum rostratae | prairie de laîche rostrée | beaked-sedge prairie | 5 | 4 |
| | Ag c | Agrostetum canadense | pelouse d'agrostide | redtop meadow | 6 | 10 |
| Xérosère | Oe d | Oenotheretum dumetorum | désert d'onagres | evening-primrose barren | 8 | 16 |
| | Da s | Danthonietum spicatae | pelouse de danthonies | poverty-grass sward | 6 | 12 |
| | Tr r | Trifolietum repentis | pelouse de trèfle rampant | creeping clover sward | 6 | 21 |

sous le régime français, découpées en longues lanières étroites, se terminaient normalement par un boisé. Ce patron a favorisé la persistance de forêts d'une certaine étendue.

Si le cadastre s'est plié occasionnellement aux contours naturels de la topographie, il a plus souvent franchi moraines, collines, ruisseaux, sablières et même falaises. Des regroupements se sont faits qui ont forcément tenu compte des variations du relief et du sol, et du tracé des cours d'eau. Ceux-ci, d'ailleurs, ont été contraints de divers façons par le drainage artificiel, par les levées qui mettaient fin à l'inondation (et au siltage).

Dans la dynamique biogéographique de la Vallée du St-Laurent donc, l'agriculture s'insérait dans un paysage forestier d'évolution lente qu'elle détruisait presque complètement pour substituer un paysage herbager à cycle très rapide. Les formations herbacées naturelles étaient également supprimées par le labour. L'offensive en retour des forces indigènes s'exprime surtout dans les boisés qui tendent à récupérer leur équilibre primitif et dans les pâturages permanents ou à long terme qu'envahissent les plantes indigènes, les insectes, les oiseaux.

Quant aux champs immédiatement cultivés, l'agriculteur cherche à les libérer des 'mauvaises herbes,' qui sont en concurrence avec les pommes-de-terre, l'avoine, le mil. Il est à remarquer que, tout comme les plantes cultivées elles-mêmes, les mauvaises herbes sont le plus souvent des exotiques, venues des quatre coins du Monde, surtout de l'Europe.

Au cours de l'implantation agricole, on peut noter un certain nombre de plantes indigènes utilisées par l'agriculteur, soit pour l'alimentation: l'érable à sucre, les bleuets, les atocas, les fraises, les framboises, le pimbina; pour la construction et le mobilier: le bois de divers arbres, surtout l'érable, le merisier, le cerisier d'automne, le pin blanc, le cèdre, la pruche, l'épinette; l'écorce de bouleau, d'orme et de frêne.

Beaucoup de défrichements étaient mal avisés et inspirés par des sentiments plus évangéliques qu'économiques. Une fois récolté le profit de la vente du bois, beaucoup de fermiers se retrouvèrent assis sur un granit stérile ou sur une moraine impossible à épierrer, ou sur un sable qu'emportait déjà le vent. La reconquête de ces espaces par les bouleaux et les pins, et éventuellement par les érables (au sud) et les épinettes (au nord), marque un retour aux conditions primitives là où le site n'a pas été dégradé irréversiblement.

La vie animale a évidemment été profondément affectée aussi. Le déboisement, le feu, l'exploitation forestière et agricole, la chasse ont fait reculer le caribou, le castor, la martre, le vison, ont permis au chevreuil d'étendre son aire, peut-être aux dépens de l'original. L'ours et le loup ont été persécutés, leur tête mise à prix. Les chasseurs contemporains s'attaquent encore, pour se distraire de leurs déboires, à la 'vermine,' c'est-à-dire aux corneilles, aux marmotes, aux écureuils ... Certains animaux, toutefois, semblent avoir singulièrement profité des changements anthropiques: le lapin (cottontail), le coyote, le merle et, bien entendu, des oiseaux exotiques comme le sansonnet. Le pigeon-voyageur, dont nos ancêtres 'habitants' faisaient provision lors de leur migration pour en faire des 'tourtières,' a été surexploité jusqu'à l'extinction. Beaucoup d'autres oiseaux doués d'exigences très élevées, autrefois abondants, ont presque disparu.

**Milieux suburbains et urbains**

Le caractère biogéographique, et même l'écologie, de nos villages, villes et banlieues n'a pas été bien défini. Il vaudrait la peine d'inventorier les potagers, les jardins, les parcs et les rues pour relever l'identité et la provenance des plantes (et des animaux parasites ou autres) qu'on y trouve. Un certain rosier jaune habite encore l'argile des jardins du Richelieu. Serait-il angevin? Ou bien, hybride comme le peuplier du Canada, le plus grand de nos arbres d'ornement (issu de croisement du peuplier noir européen et du liard américain)? L'orme a été abondamment planté dans nos villes, à Montréal en particulier. Attaqué par la maladie hollandaise, il est en forte régression actuellement. L'érable argenté, malgré sa ramure cassante, est fréquemment planté aussi. Par ailleurs, l'arbre qu'on voit le plus souvent est sans doute l'érable de Norvège, bien acclimaté ici, et même naturalisé. Et encore, le peuplier d'Italie, le sorbier européen. Les jardins et les parcs arborent partout l'épinette bleue du Colorado, le sapin Douglas, le bouleau pleureur, le hêtre rouge, l'érable japonais, l'orme chinois, l'if japonais, le chêvrefeuille de Tartarie, le lilas et le seringat, tous de provenance étrangère.

Quant aux gazons et aux parterres, ils ne contiennent que des exotiques, si ce n'est certaines de nos plantes indigènes, comme les asters, adoptées et améliorées par les horticulteurs européens. Les interstices des pavés, les cours abandonnées sont riches en plantes curieuses, venues de l'Inde, du Brésil, de la Méditerranée, etc.

Les animaux qui vivent dans nos villes sont plus nombreux qu'on ne croit: outre les poissons tropicaux, les carpes rouges, les chats, les chiens, tous protégés, tous beaux, il y a les blattes, les poux, les puces, les rats et encore les sansonnets et les moineaux, tous venus des pays étrangers, de même que les faisans. Or, les faucons pérégrins ont longtemps niché sur les corniches d'un haut édifice de Montréal, les mouffettes se hasardent aussi dans les villes où les arbres des parcs sont pleins d'écureuils. Quant aux oiseaux, les merles sont encore abondants: ce n'est pas encore le 'printempts silencieux' dont parlait Rachel Carson, malgré la régression d'un certain nombre d'oiseaux chanteurs.

## PROJETS POUR UN NOUVEL EQUILIBRE

Pour peu que l'on adopte le dessein de modeler le paysage 'avec la nature,' ce dont parle McHarg (1969), la biogéographie dynamique du Québec fournit la matrice sur laquelle peut s'implanter un aménagement régional sain.

Le fond que nous offre la carte (figure 6) indique les contraintes climatiques majeures, et par conséquent des zones de rusticité, car la végétation intègre déjà un ensemble de facteurs. D'autre part les schémas dynamiques régionaux (figures 8 et 9) se prêtent à une cartographie à grande échelle qui révèle des potentiels dont la connaissance devrait être préalable à tout projet de zonage. En effet la capacité portante, la qualité et la masse actuelles et prévisibles de la végétation, l'évolution connue du drainage, sont autant d'éléments qui conditionnent la vocation et le potentiel des nombreux sites d'un paysage régional.

Il n'est pas nécessaire d'insister sur l'aspect par trop pragmatique et fragmentaire de la planification régionale québécoise, ni sur la prédominance des obsessions économiques sur les préoccupations spatiales. Cette adhocquerie matérialiste est universelle. Ce n'est qu'hier qu'on s'est tourné vers l'écologie renaissante pour chercher un meilleur instrument de coordination interdisciplinaire et peut-être aussi des critères d'évaluation des coûts et des bénéfices laissés jusqu'ici sans quantification.

Les écologistes de la présente génération se sont mis en mesure d'apprendre beaucoup de choses en travaillant avec les géographes, les économistes, les architectes, les ingénieurs et les planificateurs. Ils ont enrichi leur vocabulaire et élargi leurs concepts en se mettant – enfin! – à la recherche d'équilibres seconds au lieu de chercher, comme certains d'entre eux l'avaient fait dans le passé, à restaurer et à maintenir l'équilibre premier.

Il demeure vrai que la projection d'un équilibre nouveau, résultant d'un aménagement voulu et planifié, est impossible à réaliser sans une connaissance suffisante des conditions d'origine. Une étude basée sur les paramètres utilisés plus haut demeure donc nécessaire et doit se faire dans le plus grand détail possible. D'autre part, la constation de la relative inefficacité de tous les écosystèmes naturels nous amène rationnellement à compenser les faiblesses du dynamisme biogéographique et à annuler certaines de ses contraintes dans le but de privilégier certaines forces capables d'assurer la réalisation des buts que se propose la société humaine dans un paysage donné.

Ce principe est d'une application très difficile dans le Québec en ce moment. Ceux qui prennent les décisions ne sont aucunement en présence d'un consensus sur le système de valeurs qui dicterait, par exemple, un nouvel équilibre sauvage/rural/urbain. Mais puisque nous sommes loin, également, d'avoir recueilli les données qui éclaireraient une telle décision, il faut avancer sur les deux plans: (1) recherches sur l'environnement et son dynamisme naturel; (2) consultation sur les buts, les priorités et les moyens de la société.

## Bibliographie

Braun, E. Lucy, 1950   *Deciduous forests of eastern North America* (Philadelphia and Toronto), xiv + 596 pp.

Dansereau, Pierre, 1946   L'érablière laurentienne. II. Les successions et leurs indicateurs. *Can. Jour. Res.*, c 24(6): 235–91; *Contrib. Inst. Bot. Univ. Montreal*, 60: 235–91

— 1951   Description and Recording of Vegetation upon a Structural Basis, *Ecology*, 32(2): 172–229; *Bull. Serv. Biogéogr.*, 8: 172–229 (1953)

— 1957   *Biogeography: An Ecological Perspective* (New York), xiii + 394 pp.

— 1958   A Universal System for Recording Vegetation, *Contrib. Inst. Bot. Univ. Montréal*, 72: 1–58

— 1959   Phytogeographia laurentiana. II. The Principal Plant Associations of the Saint Lawrence Valley, *Contrib. Inst. Bot. Univ. Montréal*, 75: 1–147

— 1961a The Origin and Growth of Plant Communities. *In: Growth in Living Systems*, Proc. Symp. on Growth, Purdue Univ. (Indiana), June 1960; ed. by M.X. Zarrow (New York): 567–603

— 1961b   Essais de représentation cartographique des éléments structuraux de la végétation. *In: Méthodes de la Cartographie de la Végétation*, Colloques Internationaux du Centre de la Recherche Scientifique (Paris) 97: 233–55

— 1967   The Post-Conservation Period. A New Synthesis of Environmental Science. *Cranbrook Inst. Sci. News Letter,* 37(4): 42–9

— 1968a   Les structures de végétation. Centro de Estudos Geograficos, Lisboa, I. *Seminario Int. Geogr.*: 19–46; Finisterra, 3(6): 147–74 + pl. I–V

— 1968b   Alpine Vegetation in Eastern North America. *Cranbrook Inst. Sci. News Letter*, 37(8): 93–102, 108

— 1971a   Dimensions of Environmental Quality. Sarracenia no. 14, 109 pp.

— 1971b   Ecologie de la zone de l'aéroport international de Montréal: une aventure interdisciplinaire, *Rev. Géogr. Montréal*, 25(3): 301–5

— 1972   L'implantation du super-aéroport de Montréal et son impact sur le milieu naturel et social, FORCES (Hydro-Québec), no. 18: 20–34

— and Peter F. Buell, 1966   Studies on the vegetation of Puerto Rico. I. Description and integration of the plant communities. II. Analysis and mapping of the Roosevelt Roads area. Inst. Carib. Sci., Spec. Publ. no. 1, 287 pp. + maps

— and Fernando Segadas-Vianna, 1952   Ecological Study of the Peat Bogs of Eastern North America. I. Structure and Evolution of Vegetation, *Can. Jour. Bot.*, 30(4): 490–520

Grandtner, Miroslav M., 1966   *La végétation forestière du Québec méridional* (Québec), xxv + 216 pp.

Halliday, W.E.D., 1937   *A Forest Classification for Canada.* Canada Dept. Mines & Resources, Forest Service Bull. 89, 50 pp.

Hare, F. Kenneth, 1959   A Photo-Reconnaissance Survey of Labrador-Ungava. Canada, Geogr. Branch, Mines & Tech. Surv., Ottawa, Memoir 6

McHarg, Ian, 1969   *Design with Nature* (New York) viii + 198 pp.

Rousseau, Jacques, 1952   Les zones biologiques de la péninsule Québec Labrador et l'hémiarctique, *Can. Jour. Bot.*, 30: 436–74; aussi *Mém. Jard. Bot. Montréal*, no. 27, 436–74 pp.

Rowe, J.S., 1959   Forest Regions of Canada. Canada, Forestry Branch, Bull. 123

Villar, E. Huguet del, 1929   *Geobotánica.* Editorial Labor, Barcelona-Buenos Aires, 339 pp.

Wilson, Cynthia V., 1971   Le climat du Québec, en deux parties. / The climate of Québec, in two parts. Première partie: Atlas climatique / Part one: Climatic atlas. Service Météorologique du Canada, Information Canada, Ottawa, n.p.